NONGYAOXUE
SHIYAN
JISHU

农药学实验技术

骆焱平　李俊凯　主编

化学工业出版社

·北京·

内容简介

近年来农药学快速发展，为顺应发展要求编写了本教材。本教材包括农药原药制备实验、农药剂型加工实验、农药残留与分析实验、农药毒理与环境安全实验、农药生物测定技术、农药田间药效试验共86个实验，除详细描述实验方法外，还以二维码的形式讲解相关的背景知识，方便学生扫码学习。本教材涵盖了从农药原药制备到农药产品开发的所有实验内容。将农药制备、加工、残留分析、毒性、生物测定、田间药效等内容融为一体，具有实用性强、涵盖面广的特点。

本教材不仅可作为植物保护和农药学专业的实验教材，也可供从事农药科研工作的相关人员使用。

图书在版编目（CIP）数据

农药学实验技术/骆焱平，李俊凯主编. —北京：化学工业出版社，2023.2

ISBN 978-7-122-42527-0

Ⅰ.①农… Ⅱ.①骆… ②李… Ⅲ.①农药学-实验-教材 Ⅳ.①S48-33

中国版本图书馆CIP数据核字（2022）第211571号

责任编辑：冉海滢　刘　军　　　文字编辑：李娇娇
责任校对：杜杏然　　　装帧设计：王晓宇

出版发行：化学工业出版社（北京市东城区青年湖南街13号　邮政编码100011）
印　　装：河北鑫兆源印刷有限公司
787mm×1092mm　1/16　印张12　字数250千字　　2023年2月北京第1版第1次印刷

购书咨询：010-64518888　　　售后服务：010-64518899
网　　址：http://www.cip.com.cn
凡购买本书，如有缺损质量问题，本社销售中心负责调换。

定　　价：39.80元

本书编写人员名单

主　　编：骆焱平 李俊凯

副 主 编：王兰英 韩丙军 张云飞

编写人员：（按姓名汉语拼音排序）

陈小军　扬州大学

董存柱　海南大学

符　瞰　海南省辐射环境监测站

付建涛　广东科学院南繁种业研究所

韩丙军　中国热带农业科学院分析测试中心

李俊凯　长江大学

李荣玉　贵州大学

李迎宾　云南农业大学

李有志　湖南农业大学

林红艳　华中师范大学

骆焱平　海南大学

马志卿　西北农林科技大学

唐文伟　广西大学

王兰英　海南大学

杨文超　华中师范大学

张　莉　中国农业大学

张云飞　海南大学

张志祥　华南农业大学

前言

PREFACE

保驾护航靠农药，七十余载造辉煌。随着化肥农药双减政策以及“十四五”我国农药产业发展规划的实施，农药受关注的程度越来越高，农药的安全使用也越来越严格。为此，编者作为农药学一线教学人员，汇聚各方力量，响应国家政策，与时俱进编写了本实验教材。本教材除化学农药制备外，还包含了植物源和微生物源农药；同时将纳米制剂、环境安全、抗性风险等新知识、新内容融入农药学基本知识体系中，力争培养与时俱进的新时代大学生，为其步入社会，尤其在乡村振兴发展中发挥积极作用提供理论帮助。

全书共分为六大部分：第一章为农药原药制备实验，包括杀虫剂、杀菌剂、除草剂和植物生长调节剂等8个实验；第二章为农药剂型加工实验，包括微乳剂、悬浮剂、水乳剂、纳米乳、微生物制剂等13个实验；第三章为农药残留与分析实验，包括农药的快速分析、光谱分析、色谱分析等10个实验；第四章为农药毒理与环境安全的11个实验；第五章为农药生物测定技术，包括杀虫剂、杀菌剂、除草剂等33个生物测定实验；第六章为农药田间药效试验，包括病虫草鼠的防治共11个试验。

本教材以有机化学、植物化学保护、植物病理学、昆虫学、杂草学、生物统计学等学科为理论基础，以“农药学”“植物化学保护”“农药剂型与加工”“农药残留分析”“农药毒理学”“农药生物测定技术”等课程为专业基础，以昆虫、病菌、杂草、农药等为研究对象，是植物保护和农药学相关专业的必修课程，也是一门实验性强的课程。除供植物保护专业本科学生使用外，还可供农药学专业研究生和农药企业研发相关人员使用。本教材通过实验验证、巩固和充实理论教学，加深学生对理论知识的理解，增强学生在农药学科方面的实践操作能力，以便在生产和科研上合理利用不同的实验方法，开发新农药、新剂型、新的施药方法。

为了尽量使语言简明易懂以及方便学生随时随地学习，本书将农药学的理论知识、背景知识、实验室实际操作嵌入到二维码中，学生扫码便可学习。

本教材的出版得到了海南大学教学质量评估中心、海南省科技专项（ZDYF2022XDNY138）、国家自然科学基金（31860513）等项目的资助，特别感谢使用过原讲义的历届学生，他们为本书的编写提供了许多有益的建议。

由于编者水平有限，难免有不足之处，恳请同行专家及师生批评指正。

编者

2022年7月

目录

CONTENTS

第一章　农药原药制备实验　/ 001

实验一　农药纯化——重结晶法　/ 001
实验二　农药纯化——薄层色谱法　/ 003
实验三　杀虫剂——吡虫啉的合成　/ 004
实验四　杀菌剂——多菌灵的合成　/ 006
实验五　除草剂——草甘膦的合成　/ 007
实验六　植物生长调节剂——矮壮素的合成　/ 009
实验七　植物源农药——鱼藤酮的超临界 CO_2 萃取分离　/ 010
实验八　微生物农药——白僵菌的分离纯化　/ 012

第二章　农药剂型加工实验　/ 013

实验一　0.5%等量式波尔多液的配制及质量检测　/ 013
实验二　1.8%阿维菌素微乳剂的加工及性能指标检测　/ 015
实验三　4.5%高效氯氰菊酯水乳剂的加工及性能指标检测　/ 017
实验四　42.5%吡虫啉悬浮剂的加工及性能指标检测　/ 019
实验五　80%多菌灵水分散粒剂的加工及性能指标检测　/ 021
实验六　10%嘧菌酯悬浮种衣剂的加工及性能指标检测　/ 023
实验七　4%乙烯利超低容量液剂的加工及性能指标检测　/ 025
实验八　45%二甲戊灵微囊悬浮剂的加工及性能指标检测　/ 027
实验九　30%百菌清烟剂的加工及性能指标检测　/ 029
实验十　20%香茅油纳米乳的加工及性能指标检测　/ 030
实验十一　0.25‰鱼藤酮纳米悬浮剂的加工及性能指标检测　/ 032
实验十二　2 亿孢子/g 木霉菌可湿性粉剂的加工及性能指标检测　/ 034
实验十三　40 亿活菌/g 枯草芽孢杆菌水分散粒剂的加工及性能指标检测　/ 036

第三章　农药残留与分析实验　/ 038

实验一　西瓜中克百威残留测定——农药残留快速检测法　/ 038
实验二　大米中多菌灵残留测定——紫外分光光度法　/ 041
实验三　除草剂莠去津含量的测定　气相色谱-火焰离子化检测器　/ 044
实验四　杀虫剂啶虫脒含量的测定　液相色谱-紫外检测器　/ 046
实验五　豇豆中倍硫磷残留的测定　气相色谱-火焰光度检测器　/ 048
实验六　荔枝中联苯菊酯残留的测定　气相色谱-电子捕获检测器　/ 051
实验七　香蕉中戊唑醇残留的测定　气相色谱-氮磷检测器　/ 053
实验八　白菜中甲萘威残留的测定　液相色谱-荧光检测器　/ 055
实验九　杧果中咪鲜胺残留的测定　气相色谱-质谱联用法　/ 057
实验十　辣椒中氯虫苯甲酰胺残留的测定　超高压液相色谱-串联质谱法　/ 060

第四章　农药毒理与环境安全实验　/ 062

实验一　急性经口毒性实验　/ 062
实验二　急性经皮毒性实验　/ 064
实验三　急性吸入毒性实验　/ 066
实验四　蜜蜂急性毒性实验　/ 069
实验五　家蚕急性毒性实验　/ 071
实验六　斑马鱼急性毒性实验　/ 073
实验七　溞类生长抑制实验　/ 075
实验八　藻类生长抑制实验　/ 077
实验九　蚯蚓急性毒性实验　/ 080
实验十　秀丽隐杆线虫急性毒性实验　/ 082
实验十一　土壤微生物毒性实验——CO_2 吸收法　/ 084

第五章　农药生物测定技术　/ 086

第一节　杀虫剂生物测定技术　/ 086
实验一　杀虫剂触杀作用——喷雾法　/ 086
实验二　杀虫剂触杀作用——点滴法　/ 089
实验三　杀虫剂触杀作用——药膜法　/ 091
实验四　杀虫剂胃毒作用——叶片夹毒法　/ 093

实验五　杀虫剂胃毒作用——人工饲料混药法　/ 095
实验六　杀虫剂内吸作用——根部内吸法　/ 097
实验七　杀虫剂熏蒸作用——二重皿熏蒸法　/ 099
实验八　昆虫拒食活性——叶碟法　/ 101
实验九　杀螨剂活性测定——浸渍法　/ 104
第二节　杀菌剂生物测定技术　/ 106
实验一　孢子萌发法　/ 106
实验二　生长速率法　/ 108
实验三　抑制菌圈法　/ 110
实验四　杀菌剂拮抗作用测定　/ 112
实验五　抗病毒剂作用测定　/ 113
实验六　杀菌剂组织筛选——保护作用测定　/ 115
实验七　杀菌剂组织筛选——治疗作用测定　/ 117
实验八　杀菌剂盆栽法——内吸传导性测定　/ 119
实验九　植物免疫诱抗剂测定　/ 121
第三节　除草剂生物测定技术　/ 123
实验一　种子萌发实验——培养皿法　/ 123
实验二　种子萌发实验——幼苗形态法　/ 125
实验三　种子萌发实验——中胚轴法　/ 127
实验四　植株生长量的测定——萝卜子叶扩张法　/ 129
实验五　植株生长量的测定——三重反应法　/ 131
实验六　生理指标的测定——黄瓜叶碟漂浮法　/ 133
实验七　生理指标的测定——希尔反应法　/ 135
实验八　生理指标的测定——小球藻法　/ 138
实验九　PPO 测定　/ 140
第四节　抗药性及安全评估实验　/ 143
实验一　蚜虫对吡蚜酮抗药性评估实验　/ 143
实验二　水稻纹枯病菌对噻霉酮抗药性评估实验　/ 146
实验三　稻田阔叶杂草对 2,4-滴异辛酯抗药性评估实验　/ 149
实验四　杀虫剂对作物安全性评价——植株施药法　/ 151
实验五　杀菌剂对作物安全性评价——茎叶处理法　/ 153
实验六　除草剂对作物安全性评价　/ 155

第六章　农药田间药效试验　/ 157

试验一　20%呋虫胺悬浮剂防治稻飞虱药效试验　/ 157

试验二　20%氯虫苯甲酰胺悬浮剂防治草地贪夜蛾药效试验　/ 160
试验三　5%高效氯氰菊酯乳油防治荔枝蝽药效试验　/ 162
试验四　10%苯醚甲环唑可湿性粉剂防治香蕉叶斑病药效试验　/ 164
试验五　50%噻菌灵悬浮剂防治杧果采后炭疽病药效试验　/ 166
试验六　41.7%氟吡菌酰胺悬浮剂防治蔬菜根结线虫药效试验　/ 169
试验七　48%甲草胺乳油防治花生地杂草药效试验　/ 171
试验八　20%草铵膦水剂防除橡胶园杂草药效试验　/ 173
试验九　0.01%芸苔素内酯乳油对番茄增产作用药效试验　/ 175
试验十　0.08%茚虫威饵剂防治红火蚁药效试验　/ 177
试验十一　0.005%溴敌隆毒饵防治玉米田害鼠药效试验　/ 179

参考文献　/ 182

第一章 农药原药制备实验

实验一　农药纯化——重结晶法

一、实验目的

重结晶工艺在固体有机化合物的提纯中占有重要地位，在工业生产中也具有重要的应用价值。许多医药和农药都是通过该方法进行提纯的。本实验在有机化学实验基础上，让学生进一步加深对重结晶实验原理的理解，学会使用重结晶方法分离提纯农药原药。

二、实验原理

固体有机化合物在溶剂中的溶解度，随温度的升高而增加。将农药置于某溶剂中，在较高温度时制成饱和溶液，然后使其冷却到室温或降至室温以下，即会有部分农药结晶析出。利用溶剂与被提纯物质和杂质的溶解度差异，让杂质全部或大部分留在溶液中（或被过滤除去）从而达到提纯的目的。

三、实验材料

仪器设备：回流冷凝管、圆底烧瓶、小试管、电热套、减压抽滤装置一套。

实验药品：85%吡虫啉、乙醇、丙酮、N,N-二甲基甲酰胺（DMF）。

四、实验方法

1. 溶剂的选择

取约 0.1g 的吡虫啉农药样品，放入一支小试管中，滴入约 1mL 待定溶剂（乙醇、丙酮、DMF 等），振荡后，观察是否溶解。若很快溶解，表明此溶剂不宜作重结晶的溶剂；若不溶，加热后观察是否全溶，如不溶，可小心加热并分批加入溶剂至 3～4mL，若沸腾下仍不溶解，表明此溶剂也不适用。反之，如能使样品溶在 1～4mL 沸腾溶剂中，室温下或冷却能自行析出较多结晶，则此溶剂适用。

2. 重结晶

根据选择的重结晶溶剂，在装有回流冷凝管的圆底烧瓶中，加入待重结晶的农药原药和适量溶剂，加热回流使农药原药全部溶解。然后冷却，静置，溶剂中析出晶体，过滤得到纯化的农药原药。如果在热溶解过程中，有少量不溶物，可进行热滤，去掉不溶解的杂质；当重结晶的产品含有颜色时，可加入适量的活性炭脱色。活性炭脱色效果和溶液的极性、杂质的多少有关，活性炭在水溶液及极性有机溶剂中脱色效果较好，而在非极性溶剂中效果则不甚显著。活性炭用量一般为固体量的 1%～5%。若用非极性溶剂时，也可在溶液中加入适量氧化铝，摇荡脱色。

注意事项：加活性炭时，应待产品全部溶解后，溶液稍冷再加，切不可趁热加入，否则引起暴沸，严重时甚至会有溶液被冲出的危险。

五、实验报告

仔细观察实验现象，完成实验报告。

实验二　农药纯化——薄层色谱法

一、实验目的

学习薄层色谱法的作用原理，学会选择用不同展开剂分离化合物，了解使用薄层色谱方法鉴别与分离物质。

二、实验材料

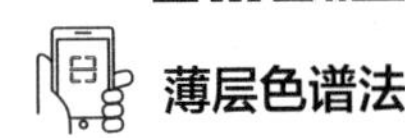

仪器设备：紫外灯、电吹风、镊子、薄层硅胶板（2cm×7cm）、展缸、碘缸、毛细管（直径 0.5mm）、直尺、铅笔。

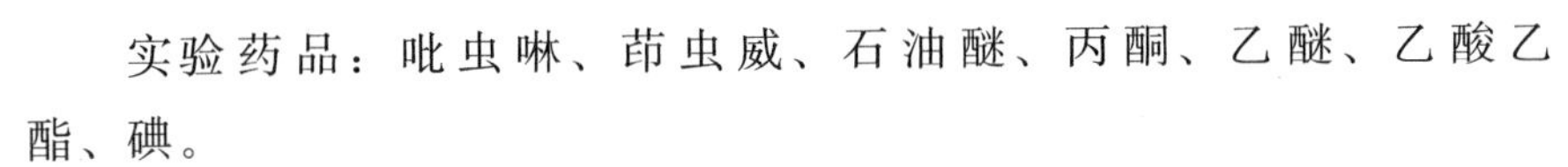

实验药品：吡虫啉、茚虫威、石油醚、丙酮、乙醚、乙酸乙酯、碘。

三、实验方法

1. 划线

用铅笔在薄层硅胶板一端画出起始线，距离边端约 0.5cm。

2. 点样

将吡虫啉、茚虫威原药用丙酮溶解，分别用毛细管取吡虫啉、茚虫威及两种药品混合液，在起始线上点样，每种药剂一个点，共三个点，均匀分布在起始线上。可以在紫外灯上检查三个点的存在。如果薄层硅胶板不含荧光，则在碘缸中显色查看。

3. 展开

分别选择石油醚、丙酮、乙醚、乙酸乙酯中任意两种溶剂作展开剂，观察上述三个点的展开情况，记录各点的展开高度，计算 R_f 值，绘制薄层色谱的展开图。

四、实验报告

记录两种溶剂作展开剂的比例，计算吡虫啉、茚虫威的 R_f 值，绘制薄层色谱的展开图。完成实验报告。

实验三　杀虫剂——吡虫啉的合成

一、实验目的

学习新烟碱类杀虫剂吡虫啉的合成方法，学会浓盐酸、浓硫酸、液碱等强酸强碱的使用方法，熟练掌握农药合成操作的基本方法和基本技能。

二、实验原理

在浓硫酸的作用下，硝酸胍转变成硝基胍；随后与乙二胺反应环合成 *N*-硝基亚氨基咪唑烷；*N*-硝基亚氨基咪唑烷与 2-氯-5-氯甲基吡啶发生取代反应得到吡虫啉。

$$H_2N\text{-}C(=NH)\text{-}NH_2 \cdot HNO_3 \xrightarrow{H_2SO_4} H_2N\text{-}C(=NH)\text{-}NHNO_2 \xrightarrow{NH_2CH_2CH_2NH_2} \text{HN–C(=NNO}_2\text{)–NH (imidazolidine)}$$

$$\text{Cl–C}_5\text{H}_3\text{N–CH}_2\text{Cl} + \text{HN–C(=NNO}_2\text{)–NH} \longrightarrow \text{Cl–C}_5\text{H}_3\text{N–CH}_2\text{–N–C(=NNO}_2\text{)–NH}$$

三、实验材料

仪器设备：磁力加热搅拌器，铁架台，铁夹，红外灯干燥箱，循环水真空泵，布氏抽滤漏斗一套，0.01g 电子天平，熔点仪，紫外分光光度计，薄层硅胶板，50mL 圆底烧瓶，500mL 烧杯，50mL 量筒。

实验药品：硝酸胍、乙二胺、2-氯-5-氯甲基吡啶、丙酮、无水 K_2CO_3、浓盐酸、98%浓硫酸、液碱。

四、实验方法

1. 硝基胍的合成

在 50mL 圆底烧瓶中加入 98% 浓硫酸 10mL，冷却至 10℃，慢慢加入 2.44g

（0.02mol）硝酸胍，在 0℃反应 30～40min，加入到 200mL 冰水混合物中，水解，过滤、水洗、干燥得到硝基胍。称重，计算收率，测定熔点。

2. *N*-硝基亚氨基咪唑烷的合成

在 50mL 圆底烧瓶中，加入 1.2g（0.01mol）硝基胍和液碱，在 0℃时，加入 0.66g（0.011mol）乙二胺和浓盐酸，生成盐的悬浮液，缓缓升温至 60℃，反应 0.5h，冷却，结晶、抽滤，干燥得 *N*-硝基亚氨基咪唑烷。称重，计算收率，测定熔点。

3. 吡虫啉的合成

将 0.32g（2mmol）2-氯-5-氯甲基吡啶、10mL 丙酮、0.26g（2mmol）*N*-硝基亚氨基咪唑烷、0.41g（3mmol）无水 K_2CO_3，加入到 50mL 圆底烧瓶中，室温搅拌反应，使用薄层色谱监测反应终点。反应结束后，将反应混合物倒入 200mL 冰水混合物中，析出白色固体，抽滤，干燥得吡虫啉成品。称重，计算收率，测定熔点。

五、实验报告

1. 计算硝基胍、*N*-硝基亚氨基咪唑烷、吡虫啉的收率。
2. 测定硝基胍、*N*-硝基亚氨基咪唑烷、吡虫啉的熔点。
3. 绘制吡虫啉、2-氯-5-氯甲基吡啶在同一薄层硅胶板上展开的色谱图，并计算 R_f 值。
4. 完成实验报告。

实验四　杀菌剂——多菌灵的合成

一、实验目的

学习杀菌剂多菌灵的合成方法，掌握减压蒸馏的原理及操作方法，了解苯并咪唑杂环的合成方法。

二、实验原理

氰氨基甲酸甲酯与邻苯二胺环合得到苯并咪唑产物多菌灵。

$$NCNHCO_2CH_3 + \text{邻苯二胺} \longrightarrow \text{2-}(NHCO_2CH_3)\text{苯并咪唑}$$

三、实验材料

仪器设备：磁力加热搅拌器，铁架台，铁夹，红外灯干燥箱，循环水真空泵，布氏抽滤漏斗一套，0.01g 电子天平，温度计，熔点仪，紫外灯，薄层硅胶板，滴液漏斗，100mL 圆底烧瓶，500mL 烧杯，100mL 量筒。

实验药品：邻苯二胺、氰氨基甲酸甲酯、盐酸。

四、实验方法

将氰氨基甲酸甲酯水溶液升温到 50℃，加入 4.32g（0.04mol）邻苯二胺。将盐酸分批加入到混合液中，使反应液的 pH 维持在 6 左右。加酸结束后，在 98～100℃下反应约 2h，使用薄层色谱检测反应的终点。冷却、静置、抽滤，得多菌灵产品。称重，计算收率，测定熔点。

五、实验报告

计算多菌灵的收率，测定熔点，并与文献中熔点进行比较，完成实验报告。

实验五　除草剂——草甘膦的合成

一、实验目的

学习除草剂草甘膦的合成方法，熟悉常见农药合成的仪器设备和操作方法。

二、实验原理

在低温下，三氯化磷和甲醇在苯中反应，生成重要的有机磷试剂亚磷酸二甲酯；该试剂与多聚甲醛和甘氨酸发生反应，生成 *N*-(2-甲氧基-膦酸甲基)甘氨酸三乙胺，随后在盐酸中水解得到草甘膦。

$$(CH_3O)_2\overset{O}{\overset{\|}{P}}H + H_2NCH_2COOH + (CH_2O)_n \xrightarrow{(C_2H_5)_3N} (CH_3O)_2\overset{O}{\overset{\|}{P}}CH_2NHCH_2COOH$$

$$(CH_3O)_2\overset{O}{\overset{\|}{P}}CH_2NHCH_2COOH + H_2O \xrightarrow{H^+} (HO)_2\overset{O}{\overset{\|}{P}}CH_2NHCH_2COOH$$

三、实验材料

仪器设备：磁力加热搅拌器，铁架台，铁夹，红外灯干燥箱，循环水真空泵，布氏抽滤漏斗一套，0.01g 电子天平，熔点仪，紫外可见分光光度计，薄层硅胶板，回流冷凝管，滴液漏斗，100mL 三颈烧瓶，500mL 烧杯，50mL 量筒。

实验药品：亚磷酸二甲酯、多聚甲醛、三乙胺、甘氨酸、盐酸、苯、甲醇。

四、实验方法

1. N-(2-甲氧基-膦酸甲基)甘氨酸的合成

在装有回流冷凝管和温度计的 100mL 三颈烧瓶中，分别加入 3.3g（0.11mol）多聚甲醛、30mL 甲醇和 5.1g（0.05mol）三乙胺。在 60℃下，让反应物加热溶解，然后加入 3.9g（0.05mol）甘氨酸，在该温度下搅拌至反应液澄清透明。加入 5.78g（0.051mol）亚磷酸二甲酯，加完后，让其在回流温度下反应 30min 至 1h，得到 *N*-（2-甲氧基-膦酸甲基）甘氨酸。

2. 草甘膦的合成

让上述反应冷却到 40℃以下，滴加盐酸调节 pH 值（使反应混合物 pH 为 2～3），滴加结束后，常温蒸馏去除缩甲醛及甲醇等低熔点溶剂（控制馏出液温度低于 90℃），然后在 100～110℃下回流反应 1h，减压蒸馏脱酸。在残液中加入少量水，振摇后转入烧杯中，用少量水洗涤反应瓶，洗涤液并入烧杯中。冷却、静置、自然结晶、抽滤、烘干，得草甘膦原粉。称重并计算产率。

五、实验报告

计算亚磷酸二甲酯、*N*-(2-甲氧基-膦酸甲基)甘氨酸、草甘膦的收率。完成实验报告。

实验六　植物生长调节剂——矮壮素的合成

一、实验目的

学习植物生长调节剂矮壮素的合成方法，掌握在加压条件下，农药合成反应的操作方法，尤其注意高压反应的安全操作方法。

二、实验原理

在氢氧化钠作用下，中和三甲胺盐酸盐，生成三甲胺气体，随后与二氯乙烷发生取代反应生成植物生长调节剂矮壮素。

$$(CH_3)_3N + ClCH_2CH_2Cl \longrightarrow [(CH_3)_3NCH_2CH_2Cl]^+Cl^-$$

三、实验材料

仪器设备：磁力加热搅拌器，铁架台，铁夹，加压釜，红外灯干燥箱，循环水真空泵，布氏抽滤漏斗一套，0.01g 电子天平，熔点仪，温度计，滴液漏斗，回流冷凝管，缓冲瓶，100mL 三颈烧瓶，500mL 烧杯，50mL 量筒。

实验药品：二氯乙烷、三甲胺盐酸盐、氢氧化钠。

四、实验方法

将三甲胺气体通过一缓冲瓶导入 50g 二氯乙烷溶液中。将二氯乙烷和三甲胺混合物置于加压反应瓶中，缓慢升温加热，维持 $2kg/cm^2$ 压力，反应 12h，反应瓶内温度达 108～113℃，即为反应终点。冷却，抽滤除去过量的二氯乙烷，得矮壮素白色结晶。称重并计算产率。

五、实验报告

1. 计算矮壮素的收率，测定熔点。
2. 完成实验报告。

实验七　植物源农药——鱼藤酮的超临界 CO_2 萃取分离

一、实验目的

学习植物源农药分离提取方法，学会超临界 CO_2 萃取仪的使用方法，温习重结晶法纯化农药原药。

二、实验原理

在超临界状态下，将超临界 CO_2 流体与待分离的物质接触，使其有选择性地把极性大小、沸点高低和分子量大小不同的成分依次萃取出来。由于其对应各压力范围所得到的萃取物不可能是单一的，所以可以控制条件得到最佳比例的混合成分。然后借助减压、升温的方法使超临界流体变成普通气体，被萃取物质则完全或基本析出，从而达到分离提纯的目的，所以超临界 CO_2 流体萃取过程是由萃取和分离过程组合而成的。

超临界 CO_2 萃取（SFT-100XW 型，北京科普泰克有限公司）工艺流程见图 1-1。

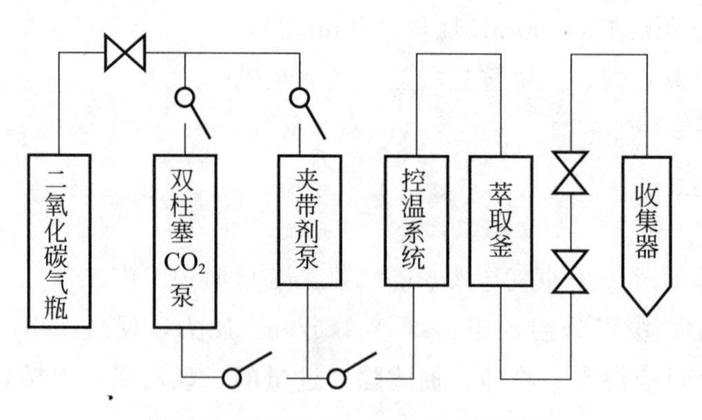

图 1-1　超临界 CO_2 萃取工艺流程图

（1）打开萃取釜，清洁干燥后，开启 CO_2 钢瓶，用 CO_2 吹扫管路，除去设备中水蒸气，关闭钢瓶旋塞。

（2）称取待萃取物，放入物料袋，装入萃取釜中。

（3）打开主机的电源开关和温度控制器的开关，设置所需萃取釜和背压阀的温度。

（4）关闭动/静态阀以及背压阀。

（5）打开 CO_2 泵的电源开关和制冷开关，设置 CO_2 压力及流量；然后打开二氧化碳钢瓶的旋塞，在制冷开关打开 15min 后开始萃取，萃取结束后，缓慢打开动静态阀和背压阀，收集萃取物。

三、实验材料

仪器设备：超临界 CO_2 流体萃取仪。

实验药品：含鱼藤酮的植物干粉、丙酮、CCl_4。

四、实验方法

1. 萃取

将鱼藤酮干粉加入一级萃取釜内，在压力为 20MPa、温度为 45℃条件下，按照 CO_2 流量与干粉中鱼藤酮含量的质量比为 100∶1，CO_2 与丙酮的质量比为 100∶7 通入携带有夹带剂丙酮的超临界态 CO_2 中进行一级萃取，时间为 1h。萃取液通入一级分离器，在压力为 20MPa、温度为 35℃条件下分离出膏状物溶液和废渣。将膏状物溶液通入二级萃取釜，在压力为 24MPa，温度为 35℃条件下进行二级萃取，时间为 1h。将二级萃取物通入二级分离器，在压力为 10MPa、温度为 40℃条件下从二级分离器中分离出膏状物、丙酮及 CO_2。该 CO_2 冷凝压缩后再次携带夹带剂丙酮进入一级萃取釜进行下一轮萃取，完成一个循环，时间为 3h。

2. 结晶

将二级分离器中分离出的膏状物转移至结晶釜内，该膏状物鱼藤酮含量约为 60％，加入丙酮使之溶解，丙酮的加入量以浸没膏状物为宜，将丙酮在 6℃条件下蒸发至干，析出含量为 80％的鱼藤酮晶体。在含量为 80％的鱼藤酮晶体内加入 CCl_4，晶体与 CCl_4 的质量比为 1∶4，加温至 60℃使之完全溶解，再逐步降温至 1～5℃，釜内鱼藤酮结晶析出，出釜过滤，晶体为精品鱼藤酮，含量在 95％以上。

五、实验报告

计算鱼藤酮总收率，完成实验报告。

实验八　微生物农药——白僵菌的分离纯化

一、实验目的

学习微生物农药的分离纯化方法，温习 PDA 培养基的制作、显微镜的操作。了解菌株分子生物学鉴定。

二、实验材料

仪器设备：无菌操作台，接种针，高压灭菌锅，酒精灯，培养箱，显微镜，PCR 仪。

实验药品：琼脂、马铃薯、葡萄糖。

三、实验方法

1. 菌株分离纯化

准备受白僵菌感染死亡的僵虫，用消毒后的接种针挑取僵虫上的菌层，无菌环境下接种于 PDA 培养基［马铃薯 200g，葡萄糖（或蔗糖）10～20g，琼脂 17～20g，水 1000mL］上，放入 25℃培养箱中培养，长出菌落后按常规方法进行单孢分离，培养获得纯系，转移到 PDA 斜面上培养 7d，在 4℃冰箱保藏。

2. 菌株形态学鉴定

在直径 9cm 的 PDA 培养基上，将分离纯化的白僵菌菌株于 25℃条件下培养，4～5d 挑取白色菌丝制片，在显微镜下观察菌株的菌丝和分生孢子梗形态，10～12d 后挑取成熟分生孢子制片，观察分生孢子的形态和大小，7～15d 观察记录菌落形态特征。

3. 菌株分子生物学鉴定

提取该菌株的总 DNA，以提取的 DNA 为模板，以真菌 ITS1F 和 ITS4R 通用引物扩增 ITS 区段，测序、对比，并构建系统发育树。

四、实验报告

完成实验报告。

第二章

农药剂型加工实验

实验一 0.5%等量式波尔多液的配制及质量检测

一、实验目的

学习波尔多液的配方组成，掌握波尔多液的配制方法和质量检测标准。

二、实验原理

波尔多液是一种广谱、无机（铜）、保护性杀菌剂，由硫酸铜水溶液和石灰乳混合制成的一种碱性的天蓝色、不透明黏稠状悬浮液，有效成分铜离子以碱式硫酸铜的形式存在，可被植物及病原物分泌的酸性物质活化，缓慢释放出铜离子，以减少硫酸铜对植物的药害。

三、实验材料

仪器设备：电子分析天平，50mL 量筒 2 个、250mL 量筒 4 个，250mL 烧杯 8 个。

供试药剂：硫酸铜晶体、生石灰。

四、实验方法

1. 硫酸铜和石灰乳母液的配制

1%硫酸铜（母液Ⅰ）：称取 2.0g 硫酸铜，放入 250mL 烧杯中，先加少量水，待硫酸铜晶体完全溶解后，再稀释到200mL，备用。

2%石灰乳（母液Ⅱ）：称取4.0g生石灰，放入250mL烧杯中，加入少量水静置15min，不要搅拌使其完全乳化成膏状，然后加水稀释至200mL，制成2%的石灰乳，备用。

2. 配制方法

波尔多液的配制方法有两种：两液同时混合法和硫酸铜溶液注入法，常用的为稀硫酸铜溶液注入浓石灰乳方法。若顺序颠倒则会使波尔多液胶体颗粒变粗，易沉淀，且易产生药害、质量差。将硫酸铜、生石灰、水按1∶1∶200的质量比进行配制，即0.5%等量式波尔多液，为观察不同配制方法对波尔多液质量的影响，采用表2-1的方法进行配制。

表2-1 波尔多液配制方法

编号	硫酸铜溶液	石灰乳溶液	配制方法
1	取母液Ⅰ 100mL	取母液Ⅱ 50mL	母液Ⅰ注入母液Ⅱ
2	取母液Ⅰ 100mL	取母液Ⅱ 50mL	母液Ⅱ注入母液Ⅰ
3	取母液Ⅰ 100mL	取母液Ⅱ 50mL	两液同时注入烧杯

3. 波尔多液质量的测定

（1）悬浮性及沉降速度：新配制的波尔多液立即置于250mL的量筒中，用塞子封口，上下颠倒5次，静置，观察波尔多液悬浮胶粒的沉降速度，30min后比较沉淀情况。沉降速度越慢、沉淀量越少表明波尔多液质量越好。

（2）水溶性铜：将磨亮的铁丝插入波尔多液中，观察铁丝上是否有镀铜现象。

（3）pH值：用精密pH试纸检测波尔多液的酸碱性。

五、实验报告

记录表2-2中的实验内容，完成实验报告。

表2-2 波尔多液理化性状

编号	颜色	悬浮性及沉降速度	是否镀铜	pH值
1				
2				
3				

实验二　1.8%阿维菌素微乳剂的加工及性能指标检测

一、实验目的

学习微乳剂的配方组成，掌握微乳剂的一般加工方法，了解微乳剂的性能指标要求及测定方法。

二、实验原理

微乳剂（micro-emulsion，ME）由原药、有机溶剂、表面活性剂、助表面活性剂和水等组成，粒径一般在 0.01～0.1μm，外观透明或微透明，为热力学稳定体系。

三、实验材料

仪器设备：电子分析天平，机械搅拌器，250mL 烧杯 2 个，10mL 刻度滴管 4 支、1mL 1 支，100mL 量筒 2 个，50mL 无色透明样品瓶 1 个。

供试药剂：阿维菌素（95.5%）、农乳 0203B、有机硅 Silwet 408、环己酮、二甲基亚砜。

四、实验方法

1.8%阿维菌素微乳剂的制备

1. 制剂配方

阿维菌素 1.8g，环己酮 6g，二甲基亚砜 4g，农乳 0203B 7g，有机硅 Silwet 408 5g，水补足至 100g。

2. 1.8%阿维菌素微乳剂的制备

采用可乳化油法，按上述配方，准确称取原药，用溶剂环己酮和二甲基亚砜溶解，依次按量加入农乳 0203B 和有机硅 Silwet 408，边加边搅拌混匀，后将该油相加入一定量水中，充分搅拌乳化，即得目标制剂。

3. 性能指标检测

（1）外观：要求外观为透明或近似透明的均相液体。

（2）乳液稳定性：按照 GB/T 1603—2001《农药乳液稳定性测定方法》进行。在250mL 烧杯中，加入 100mL 标准硬水（342mg/L），用 1mL 的刻度滴管吸取 0.5mL 试样，搅拌下慢慢加入标准硬水中，配成 100mL 乳状液。加完乳剂后，继续用 2～3r/s 的速度搅拌 30s，立即将乳状液移至清洁、干燥的 100mL 量筒中，并将量筒置于恒温水浴内，在（30±2）℃范围内，静置 1h，取出，观察乳状液分离情况，如在量筒中无浮油（膏）、沉油和沉淀析出，则判定乳液稳定性合格。

（3）低温稳定性：取样品 30mL 置于透明的样品瓶中，密封后，置于（0±2）℃冰箱中冷藏，7d 后取出，在室温下放置，观察乳液状态，若结块或浑浊现象逐渐消失，能恢复透明状态则为合格。

五、实验报告

1. 检查自制微乳剂的质量是否合格。
2. 简述微乳剂加工过程中，与乳油相比，对原药和乳化剂有何要求。
3. 完成实验报告。

实验三　4.5%高效氯氰菊酯水乳剂的加工及性能指标检测

一、实验目的

学习水乳剂的配方组成，掌握水乳剂的一般加工方法，了解水乳剂的性能指标要求及测定方法。

二、实验原理

水乳剂（emulsion in water，EW），也称农乳剂，是由不溶于水的原药液体或固体原药溶于有机溶剂中，在乳化剂的作用下，以微小的液滴分散在水相中，形成的非均相液体制剂。

三、实验材料

仪器设备：电子分析天平，高剪切乳化机，恒温箱，冰箱，高效液相色谱仪，250mL 烧杯 3 个，10mL 刻度滴管 6 支，100mL 量筒 2 个，50mL 无色透明样品瓶 2 个。

供试药剂：高效氯氰菊酯（97%）、农乳 500、农乳 601、丁醇、乙二醇、二甲苯、环己酮、消泡剂。

四、实验方法

1. 制剂配方

高效氯氰菊酯 4.5g，二甲苯 8.0g，环己酮 4.2g，农乳 500 2.8g，农乳 601 7.2g，丁醇 1g，乙二醇 5.0g，消泡剂 0.05g，水补足至 100g。

2. 4.5%高效氯氰菊酯水乳剂的制备

4.5%高效氯氰菊酯水乳剂的制备

采用反相乳化法，按上述配方，准确称取原药用溶剂二甲苯和环己酮溶解，依次按量加入农乳 500、农乳 601 和丁醇，搅拌溶解制成混匀的油相。按量将水、乙二醇和消泡剂混合制成均匀的水相。常温下，用高剪切乳化机搅拌，将水相加入油相中，形成分散良好的水乳剂。

3. 性能指标检测

（1）外观：要求外观为不透明的乳状液。

（2）分散性：取乳液 1mL 加至 200mL 的标准硬水（342mg/L）中，静置，观察乳液的分散能力（表 2-3）。

表 2-3　乳液分散能力评级标准

等级	分散状态	分散能力
一级	呈云雾状分散，形成乳状液分散过程中无可见颗粒	优
二级	自动分散，有颗粒下沉但至底部前能基本分散或沉至底部后能较快分散	良
三级	部分自动分散，有颗粒下沉需摇晃或倒置后才能分散	可
四级	不能自动分散，呈颗粒状或絮状下沉经强烈摇动后才能分散	差

（3）乳液稳定性：按照 GB/T 1603—2001 进行，测定方法同微乳剂。

（4）热储稳定性：取 30mL 水乳剂样品，封存于样品瓶中，于（54±2）℃恒温箱中贮存 14d，观察外观变化（无油或沉淀析出，且析水率低于 10%，则为合格），利用高效液相色谱仪测定储存前后有效成分含量变化，计算分解率。

（5）冷储稳定性：取 30mL 水乳剂样品，封存于样品瓶中，于（0±2）℃冰箱中贮存 7d，取出后放置于室温，观察外观变化（不分层无结晶视为合格）。

（6）黏度和倾倒性：倾倒性是衡量制剂对容器黏附强度的指标，倾倒性好的产品使用时易倒出，粘在容器壁上的少，药剂利用率高。按照 GB/T 31737—2015《农药倾倒性测定方法》进行，包括倾倒后残余物和洗涤后残余物的测定。

五、实验报告

记录并评价所制备的水乳剂的各项性能指标，完成实验报告。

实验四　42.5%吡虫啉悬浮剂的加工及性能指标检测

一、实验目的

学习悬浮剂的配方组成，熟悉依据原药性质选择适宜的润湿分散剂，并掌握悬浮剂的加工方法，了解悬浮剂的性能指标要求及测定方法。

二、实验材料

仪器设备：电子分析天平，万能粉碎机，砂磨机，高剪切均质机，激光粒度分析仪，250mL 量筒 3 个，50mL 无色透明样品瓶 2 个。

供试药剂：吡虫啉（95%）、壬基酚聚氧乙烯醚 NP-10、磺酸盐分散剂 S、聚羧酸盐分散剂 T36、黄原胶、乙二醇、有机硅消泡剂。

三、实验方法

1. 制剂配方

吡虫啉 42.5g，分散剂 S 3g，NP-10 1g，T36 1g，黄原胶 0.15g，乙二醇 3.5g，有机硅消泡剂 0.25g，水补足至 100g。

2. 42.5%吡虫啉悬浮剂的制备

采用湿法研磨分散法。吡虫啉原药先经万能粉碎机粉碎成固体微粒，按上述配方分别称取原药和三种润湿分散剂，加 70% 水混合均匀后连同等量氧化锆珠（0.6～0.8mm）加入砂磨机中砂磨（每 15min 定时取样测定粒径，直至悬浮体系平均粒径≤2.0μm），再加入一定量的黄原胶、乙二醇和消泡剂的水（剩余 30%）溶液进行调制，体系经剪切即得悬浮剂产品。

注意事项：适宜加工悬浮剂的原药在水中的溶解度应低于 70mg/L，最好不溶；熔点应高于 70℃。

3. 性能指标检测

（1）外观及粒径分布：42.5%吡虫啉悬浮剂外观应为均一的可流动黏稠状液体。利用激光粒度分析仪测定粒径分布，要求粒径 1～5μm 的微粒大于 70%，粒径>8μm 的微粒小于10%。

（2）分散性测定：于250mL量筒中，分别装入249mL标准硬水，用注射器取1mL待测悬浮剂，从距量筒水面5cm处滴入水中，观察其分散状况。按分散状况分为优、良、劣三级。

优级：在水中呈云雾状自动分散，无可见颗粒下沉；

良级：在水中能自动分散，有颗粒下沉，下沉颗粒可慢慢分散或轻微摇动后分散；

劣级：在水中不能自动分散，呈颗粒状或絮状下沉，经强烈摇动后才能分散。

（3）悬浮率测定：参照GB/T 14825—2006《农药悬浮率测定方法》标准测定。

（4）黏度和倾倒性：利用旋转黏度计测定悬浮剂的黏度，一般要求在300～1000cP（1cP=1mPa·s）范围内。倾倒性按照GB/T 31737—2015标准测定，操作同水乳剂。

（5）热储稳定性：取10g悬浮剂样品，密封于样品瓶中，于（54±2）℃恒温箱中贮存30d，检测记录外观、分散性、倾倒性、粒径、悬浮率、有效成分含量等各项指标有无明显的变化。若贮后与贮前相同或轻微变化视为合格。

（6）冷储稳定性：取10g悬浮剂样品，密封于样品瓶中，于－25℃恒温箱中贮存24h。取出后放置于室温静置融化，检测记录外观、分散性、倾倒性、粒径、悬浮率、有效成分含量等各项指标有无明显的变化。若贮后与贮前相同或轻微变化视为合格。

四、实验报告

记录并评价所制备的悬浮剂的各项性能指标，完成实验报告。

实验五　80%多菌灵水分散粒剂的加工及性能指标检测

一、实验目的

学习水分散粒剂的配方组成，掌握水分散粒剂的制备方法及性能指标测定方法，并通过性能指标的测定，判定所配制的水分散粒剂质量的好坏。

二、实验材料

仪器设备：电子分析天平，超微气流粉碎机，旋转挤压造粒机，液相色谱分析仪，秒表，恒温水浴锅，200mL 烧杯 1 个，500mL 量筒 1 个、250mL 量筒 1 个、100mL 量筒 2 个，50mL 无色透明样品瓶 1 个。

供试药剂：多菌灵（98%）、润湿分散剂 HY、聚乙二醇、硫酸铵、高岭土。

三、实验方法

1. 制剂配方

多菌灵 80g，润湿分散剂 HY 6g，黏结剂聚乙二醇 2g，崩解剂硫酸铵 3g，载体高岭土补齐至 100g。

2. 80%多菌灵水分散粒剂的制备

采用干法挤压造粒干燥工艺。将原药及各种助剂称量后混合均匀，经气流粉碎机粉碎成可湿性粉剂，加入旋转挤压造粒机中，用含黏结剂的水溶液进行造粒，干燥、过筛后得到产品。

3. 性能指标检测

（1）润湿性测定：采用刻度量筒实验法，称取 1g 样品快速倒入盛有 500mL 标准硬水（342mg/L）的 500mL 刻度量筒中，不搅动，立即用秒表计时，记录 99%的样品沉入筒底的时间，小于 1min 为宜。

（2）分散性测定：采用量筒混合法，称 2g 样品加入盛有 98mL 去离子水的量筒

(100mL) 中；颠倒 10 次，每次约 2s；记录 30min、60min 时的沉积物；60min 后再次颠倒 10 次，使完全再分散，静置 24h；24h 后颠倒量筒，记录使沉积物再分散而颠倒的次数。颠倒次数低于 10 通常认为合格。

(3) 崩解性测定：采用刻度量筒实验法，室温下，向盛有 90mL 蒸馏水的 100mL 具塞量筒中加入样品颗粒 0.5g，之后夹住量筒的中部，塞住筒口，以 8r/min 的速度绕中心旋转，直到样品在水中完全崩解，记录所需时间。崩解时间小于 3min 为宜。

(4) 悬浮率测定：参照 GB/T 14825—2006 标准测定。

(5) 稳定性测定：取 5g 水分散粒剂样品，密封于样品瓶中，于 (54±2)℃恒温箱中贮存 14d，检测润湿性、分散性、崩解性、悬浮率、有效成分含量等各项指标有无明显的变化。若贮后与贮前相同或轻微变化视为合格。

四、实验报告

记录所制备的水分散粒剂的各项性能指标的测定结果，并对制剂质量进行评价，完成实验报告。

实验六　10%嘧菌酯悬浮种衣剂的加工及性能指标检测

一、实验目的

学习悬浮种衣剂的加工方法，掌握悬浮种衣剂的制备及性能指标检测方法。

二、实验材料

仪器设备：电子分析天平，高剪切均质机，砂磨机，激光粒度分析仪，旋转黏度计，紫外分光光度仪，恒温水浴锅，500mL烧杯1个、200mL烧杯2个，250mL量筒3个，培养皿1个，10mL离心管20个，250mL锥形瓶2个，50mL容量瓶2个，50mL无色透明样品瓶2个。

供试药剂：嘧菌酯（96%）、磷酸酯类润湿分散剂YUS-FS3000、磺化琥珀酸二辛酯钠盐（快T）、黄原胶、皂土、聚醋酸乙烯酯乳液（21%）、苯丙乳液（48%）、聚乙烯醇（8%）、染料碱性玫瑰精。

三、实验方法

1. 制剂配方

嘧菌酯原药10g，YUS-FS3000 8g，快T 0.5g，黄原胶0.12g，皂土0.5g，21%聚醋酸乙烯酯乳液1g，48%苯丙乳液2g，8%聚乙烯醇1.8g，碱性玫瑰精3g，水补齐至100g。

2. 10%嘧菌酯悬浮种衣剂的制备

按照配方比例先将三种成膜剂称量后加入一定量的YUS-FS3000和快T，经高剪切均质机混合后加入染料，剪切乳化，再按配比加入原药、增稠剂、稳定剂和水，混合均匀后将浆料移入砂磨机，进行砂磨（500r/min，2h），检测粒径合格后即可出料。

3. 性能指标检测

（1）悬浮率测定：参照GB/T 14825—2006标准测定。

（2）黏度测定：取400mL待测样品于500mL烧杯中，置于25℃恒温水浴中静置，将黏度计调试正常，安装好转子，转子转速调至3r/min后，将转子缓慢插入试样中，使液面刚好浸没转子上的凹槽，启动发动机，1min后立即读取黏度值。

（3）热储稳定性：操作方法同悬浮剂。

（4）冷储稳定性：操作方法同悬浮剂。

（5）成膜性测定：称取水稻种子 50g 于培养皿中，用注射器吸取试样 1g，注入到培养皿中，再加盖摇振 5min，后将包衣种子平展开，使其成膜，放置一定时间，用玻璃棒搅拌种子，观察种子表面。若所有种子表面的种衣剂已固化成膜，则成膜性合格，并记录成膜时间。

（6）包衣均匀度测定：随机取测定成膜性的包衣种子 20 粒，分别置于带盖离心管中，在每个离心管中加入 2mL 乙醇，加盖，振摇萃取 15min 后，静置并离心得到澄清的红色液体，以乙醇作参比，在 550nm 波长下，测定染料溶液的吸光度 A。将测得的 20 个吸光度数据从小到大进行排列，并计算出平均吸光度值 A_a，试样包衣均匀度 X_1（%）按式（2-1）计算。

包衣均匀度 X_1（%）的计算公式：

$$X_1(\%)=\frac{n}{20}\times 100=5n \tag{2-1}$$

式中　n——测得吸光度 A 在 $0.7\sim1.3A_a$ 范围内包衣种子数；

20——测试包衣种子数。

（7）包衣脱落率测定：称取 10g 测定成膜性的包衣种子两份，分别置于锥形瓶中。一份准确加入 100mL 乙醇，加塞置于超声波清洗器中振荡 10min，使种子外表的种衣剂充分溶解，取出静止 10min，取上层 10mL 清液于 50mL 容量瓶中，用乙醇定容至刻度，摇匀，为溶液 A。

将另一份置于振荡器上，振荡 10min 后，小心将种子取至另一个锥形瓶中，按溶液 A 的处理方法，得溶液 B。

以乙醇作参比，在 550nm 波长下，测定染料溶液的吸光度，并利用式（2-2）计算包衣脱落率 X_2（%）。

包衣脱落率 X_2（%）的计算公式：

$$X_2(\%)=\frac{A_0/m_0-A_1/m_1}{A_0/m_0}\times 100\% \tag{2-2}$$

式中　m_0——配制溶液 A 所称取包衣后种子的质量，g；

m_1——配制溶液 B 所称取包衣后种子的质量，g；

A_0——溶液 A 的吸光度；

A_1——溶液 B 的吸光度。

四、实验报告

1. 简述悬浮种衣剂的加工方法及与水基悬浮剂的区别。
2. 记录并评价所制备的悬浮种衣剂的各项性能指标。

实验七　4%乙烯利超低容量液剂的加工及性能指标检测

一、实验目的

学习超低容量液剂（UL）的加工方法，掌握超低容量液剂的制备及技术指标检测方法。

二、实验原理

超低容量液剂（ultra low volume liquid，UL）是适用于超低容量喷雾使用的农药制剂，是伴随超低容量喷雾器械而出现的一项先进的农药施用新技术，具有喷雾量低、雾滴细且飘逸损失小、农药利用效率高等多种优点。乙烯利，化学名称为2-氯乙基膦酸，在pH小于3的条件下稳定，pH值达到4.1以上时，开始分解并释放出乙烯气体，为优质高效的植物生长调节剂。

三、实验材料

仪器设备：电子分析天平，机械搅拌机，恒温干燥箱，冰箱，100mL量筒1个，250mL烧杯1个，1mL注射器2个，50mL无色透明样品瓶1个。

供试药剂：乙烯利（90%）、硼酸、三乙醇胺、壬基酚聚氧乙烯醚、丙三醇、乙二醇、磷酸。

四、实验方法

1. 制剂配方

乙烯利4g，硼酸4g，三乙醇胺4g，壬基酚聚氧乙烯醚5g，丙三醇20g，乙二醇30g，磷酸0.5g，水补齐至100g。

2. 4%乙烯利UL的制备

在带搅拌的容器中，先将三乙醇胺配制成10%的水溶液，再用水和三乙醇胺溶液把硼酸溶解，加入乙二醇和丙三醇，搅拌溶解均匀得硼酸溶液。将硼酸溶液慢慢加入乙烯利水溶液（由乙烯利原药加水稀释制得）中，再加入壬基酚聚氧乙烯醚，搅拌均匀，用0.5g的磷酸调节pH值，最后用水补足至100%，即得4%乙烯利超低容量液剂。

3. 性能指标检测

（1）外观：透明均相的液体。

（2）挥发率测定：采用滤纸悬挂法，用注射器取0.8～1.0mL的UL制剂，均匀滴在平放的预先称重带铜丝环的直径11cm的定性滤纸上，使滤纸完全湿透，立即称重，挂在30℃的恒温箱内，20min后取出再称重，求出药液的挥发率。要求挥发率小于30%。

（3）低温相容性测定：取30mL UL样品，密封于样品瓶中，于−5℃条件下中贮存48h。取出后放置于室温静置，观察并记录外观，不分层、不析出结晶视为合格。

五、实验报告

记录所制备的超低容量液剂的各项性能指标的测定结果，并对制剂质量进行评价，完成实验报告。

实验八　45%二甲戊灵微囊悬浮剂的加工及性能指标检测

一、实验目的

学习微囊悬浮剂的加工工艺和方法，了解其性能指标的检验方法。

二、实验材料

仪器设备：电子分析天平，机械搅拌器，高剪切乳化机，恒温水浴锅，激光粒度分析仪，光学显微镜，pH 计，电热恒温干燥箱，紫外分光光度计，100mL 量筒 1 个，250mL 烧杯 1 个，1mL 注射器 1 个，50mL 无色透明样品瓶 1 个。

供试药剂：二甲戊灵（97%）、多亚甲基多苯基多异氰酸酯（PAPI）、脂肪醇聚氧乙烯醚（AEO-7）、丙三醇、磷酸酯类分散剂（Soprophor SC）、丙二醇、黄原胶、异噻唑啉酮、有机硅消泡剂。

三、实验方法

1. 制剂配方

二甲戊灵原药 45g，AEO-7 3g，PAPI 4g，丙三醇 5g，Soprophor SC 3g，丙二醇 5g，黄原胶 0.2g，异噻唑啉酮 0.2g，有机硅消泡剂 0.5g，水补齐至 100g。

2. 45%二甲戊灵微囊悬浮剂的制备

采用界面聚合法制备 45%二甲戊灵微囊悬浮剂。

油相的制备：将二甲戊灵原药 45g 加热至熔融状态，加入 4g PAPI（囊壁材料单体），搅拌均匀后再加入 3g AEO-7 作为乳化剂，将三者混合均匀制备成油相。

水相的制备：在去离子水中依次加入 5g 丙三醇（囊壁材料单体）、5g 丙二醇（防冻剂）、1.5g Soprophor SC（分散剂）和 0.5g 有机硅消泡剂，搅拌均匀制备成水相。

微囊制备：油相与水相分别在 65℃ 恒温水浴下保温，将油相和水相混合后，在 8000r/min 下剪切乳化 3min，制备得到水包油乳液。将该乳液于 65℃ 水浴下保温，在 450r/min 搅拌条件下反应 3h，使囊壁与囊芯全部形成微囊。

微囊悬浮剂的制备：微囊体系在搅拌条件下自然冷却至室温，加入 10g 2%黄原胶

（黏度调节剂）水溶液（含 2%异噻唑啉酮防腐剂）和 1.5g Soprophor SC，搅拌均匀后即得微囊悬浮剂制剂。

3. 性能指标检测

（1）微胶囊形态和粒径分布：采用光学显微镜观察微胶囊囊球的形态；使用激光粒度分析仪检测微囊悬浮剂的粒径及分布。

（2）包封率测定：精确吸取 1mL 制剂样品离心后收集上清液，并用 0.1mol/L 盐酸定容至 100mL，以 0.1mol/L 盐酸为空白对照，紫外分光光度计测定吸光度，利用比色法测定上清液中二甲戊灵的含量。利用式（2-3）计算二甲戊灵的包封率。

$$包封率(\%)=\frac{A-B}{A}\times 100\% \quad (2\text{-}3)$$

式中　A——1mL 样品中二甲戊灵的质量，g；

B——1mL 样品上清液中二甲戊灵的质量，g。

（3）其他性能指标的测定：分散性、悬浮率、倾倒性、热储稳定性和冷储稳定性等指标的测定操作方法同悬浮剂。

四、实验报告

记录并评价所制备的微囊悬浮剂的各项性能指标，完成实验报告。

实验九　30%百菌清烟剂的加工及性能指标检测

一、实验目的

学习烟剂的制备方法，了解烟剂性能指标的测定方法。

二、实验材料

仪器设备：电子分析天平，恒温干燥箱，研钵，80目标准筛，牛皮纸，小木棒，秒表，石棉网。

供试药剂：百菌清（98%）、火硝粉（KNO_3）、硝酸铵细粉、木炭细粉。

三、实验方法

1. 制剂配方

百菌清3g，火硝粉3g，硝酸铵细粉2g，木炭细粉2g。

2. 30%百菌清烟剂的制备

将原药、火硝、硝酸铵、木炭粉分别研磨粉碎，并过80目筛。将配方各组分按比例混合均匀装入厚纸筒中，中央用0.5cm粗木杆戳一圆洞，装入引芯（引芯用4份火硝共2g、1份木炭料0.5g混合制成），再插上捻子（经12%的硝酸钾溶液浸透的纸条，烘干），即制成百菌清烟剂。

3. 性能指标检测

（1）点燃实验：取制备好的烟剂，点燃，过程中易引燃、无明火、不熄灭，烟云量浓烈，燃烧彻底为合格。

（2）燃烧发烟时间的测定：取制备好的烟剂，点燃，用秒表测出试样发烟的起止时间。

（3）自燃温度测定：称取3份混合均匀的烟剂材料各10g，分别置于石棉盘上，放入恒温干燥箱内加热，随时注意观察箱内材料状态。一旦出现燃烧现象，立即读取当时温度，该温度即为自燃温度。

四、实验报告

安全制备烟剂，完成实验报告。

实验十　20%香茅油纳米乳的加工及性能指标检测

一、实验目的

学习纳米乳的加工工艺和方法，了解其性能指标的检验方法。

二、实验原理

纳米乳液（nanoemulsion）是由油相、水相、表面活性剂、助表面活性剂以适当比例形成的平均粒径在20～200nm范围的动力学稳定乳液体系。

三、实验材料

仪器设备：电子分析天平，恒温磁力搅拌器，高剪切乳化机，高压均质机，激光粒度分析仪，pH计，电热恒温干燥箱，冰箱，100mL量筒2个，250mL烧杯1个，1mL注射器1个，50mL无色透明样品瓶2个。

供试药剂：香茅油（99%）、糖苷乳化剂（Montanov® 82）、丙三醇。

四、实验方法

1. 制剂配方

香茅油原油20g，Montanov® 82 2.5g，丙三醇38.8g，水补足至100g。

2. 20%香茅油纳米乳的制备

采用高压均质法制备20%香茅油纳米乳。将糖苷乳化剂Montanov® 82加热至45℃融化，按配方比例加入香茅油原油制成油相。将一定比例的丙三醇与水混合制成水相，并加热至50℃。后在200r/min条件下，将油相分散至水相中，50℃下搅拌5min。将该体系利用高剪切乳化剂均质 3min（16500r/min），再经高压均质机均质乳化（1500bar，5 个循环），即得目标纳米乳液。

3. 性能指标检测

（1）外观：观察纳米乳是否为均一的透明或半透明液体。

（2）粒径测定：利用激光粒度分析仪测定纳米乳剂的平均粒径、分布及多分散性指数（PDI）。

（3）其他性能指标的测定：分散性、乳液稳定性、热储稳定性、冷储稳定性、黏度和倾倒性等性能指标的测定操作方法同水乳剂。

五、实验报告

记录并评价所制备的纳米乳剂的各项性能指标，完成实验报告。

实验十一　0.25‰鱼藤酮纳米悬浮剂的加工及性能指标检测

一、实验目的

学习纳米悬浮剂的加工方法，了解其性能指标的检验方法。

二、实验材料

仪器设备：电子分析天平，恒温磁力搅拌器，激光粒度分析仪，高效液相色谱仪，冷冻离心真空干燥机，电热恒温干燥箱，冰箱，250mL 量筒 1 个、100mL 量筒 2 个，50mL 烧杯 2 个、100mL 烧杯 1 个，500mL 圆底烧瓶 1 个、100mL 圆底烧瓶 1 个，10mL 刻度滴管 3 支、1mL 刻度滴管 3 支，10mL 石英试管 16 支，50mL 无色透明样品瓶 2 个。

供试药剂：鱼藤酮（98%）、三油酸甘油酯、*α*-氰基丙烯酸正丁酯、OP-10、十二烷基苯磺酸钠、葡聚糖、丙醇。

三、实验方法

1. 制剂配方

鱼藤酮 0.05g，三油酸甘油酯 0.9g，*α*-氰基丙烯酸正丁酯 0.5g，OP-10 11g，十二烷基苯磺酸钠 0.1g，葡聚糖 0.4g，丙醇 12g，水补足至 200g。

2. 0.25‰鱼藤酮纳米悬浮剂的制备

取三油酸甘油酯 0.95mL 放入 50mL 小烧杯中，加热至 90℃，称取鱼藤酮粉末 0.05g，搅拌溶解在三油酸甘油酯中得溶液 A；另取 15mL 丙醇，加入 *α*-氰基丙烯酸正丁酯 0.5g 搅拌，将溶液 A 加入其中，获得混合液 B；另取 100mL 圆底烧瓶，加入 15mL 蒸馏水、1mL OP-10，置于恒温磁力搅拌器上，搅拌下滴加 B 溶液，滴加完毕后继续搅拌 60min 得混合液 C；于 500mL 圆底烧瓶中加入 170mL 蒸馏水和电磁搅拌子后，置于恒温磁力搅拌器上，依次加入 0.1g 十二烷基苯磺酸钠、0.4g 葡聚糖和 10mL OP-10，得混合液 D；将 D 溶液在搅拌下加热至 90℃后，将 C 液在搅拌下滴入 D 混合液，加热至 90℃恒温搅拌 10min 后停止加热，继续搅拌使烧瓶内的溶液在 50min 内自然冷却至室温，得鱼藤酮纳米悬浮液。

3. 性能指标检测

（1）形貌观察：将制备的鱼藤酮纳米微粒的悬浮液用蒸馏水稀释 100 倍，后取 5μL 滴在镀有碳膜的铜网上，放入干燥器内干燥后，置于扫描电子显微镜下观察纳米微粒的形貌。

（2）粒径测定：利用激光粒度分析仪测定纳米悬浮剂的平均粒径、分布及多分散性指数（PDI）。

（3）包封率的测定：取 50mL 制备的鱼藤酮纳米悬浮剂用 0.025μm 微孔滤膜过滤，所得纳米粒在真空冷冻干燥机中冻干，称重。称取鱼藤酮纳米微粒 10mg，用 10mL 丙酮溶解并配制成 1000mg/L 的溶液 A；另取含有 1mg 纳米粒子等同体积的悬浮液，真空冻干，用 10mL 的丙酮溶解配制成溶液 B。用 HPLC 法测定两种溶液中鱼藤酮的含量，并按式（2-4）计算鱼藤酮的包封率。

$$包封率(\%)=\frac{A}{B}\times 100\% \tag{2-4}$$

式中　A——1mg 纳米粒子中鱼藤酮的质量，g；

　　　B——含有 1mg 纳米粒子的悬浮液中鱼藤酮的质量，g。

（4）光稳定性测定：取鱼藤酮纳米悬浮剂各 2mL 分别密封于 8 支透光的石英试管中，置于 35 W 紫外灯下照射，紫外灯管中心位置距石英试管的距离为 35cm，每隔 12h 取出两支试管，按照（3）中的方法测定管中鱼藤酮的含量，计算制剂中鱼藤酮的光降解速率。同时，对制剂外观进行考察，观察是否有浑浊、破乳、分层等现象。以商品化的鱼藤酮制剂作为对照。

（5）其他性能指标的测定：分散性、悬浮率、热储稳定性、冷储稳定性、黏度和倾倒性等性能指标的测定操作方法同悬浮剂。

四、实验报告

记录并评价所制备的纳米悬浮剂的各项性能指标，完成实验报告。

实验十二　2亿孢子/g木霉菌可湿性粉剂的加工及性能指标检测

一、实验目的

学习微生物可湿性粉剂（WP）的加工方法，了解其性能指标的检验方法。

二、实验材料

仪器设备：电子分析天平，气流粉碎机，低温粉碎机，粉末混合机，恒温水浴锅，250mL量筒2个、100mL量筒2个，250mL烧杯1个、200mL烧杯1个。

供试药剂：市售木霉孢子粉（＞20亿孢子/g）、十二烷基硫酸钠、羧甲基纤维素钠、糊精和硅藻土。

三、实验方法

1. 制剂配方

木霉孢子原粉10g，十二烷基硫酸钠4g，CMC 5g，糊精1g，硅藻土补足至100g。

2. 2亿孢子/g木霉菌可湿性粉剂的制备

（1）助剂的粉碎：利用气流粉碎机分别将十二烷基硫酸钠、羧甲基纤维素钠、糊精和硅藻土进行粉碎，并用45μm的网进行筛分，获得各个助剂的细粉。

（2）木霉孢子粉的粉碎：称取木霉孢子原粉50g，加入50g硅藻土细粉，用粉末混合机混匀，并利用低温粉碎机粉碎，整个过程控制温度低于40℃，并用45μm的网进行筛分，获得孢子细粉。利用稀释涂平板法测定细粉中活孢子的数目，并通过调节孢子粉和硅藻土的加入量获得＞10亿孢子/g木霉孢子细粉。

（3）可湿性粉剂的制备：准确称取10亿孢子/g木霉孢子细粉20g、十二烷基硫酸钠细粉4g、CMC细粉5g、糊精细粉1g、硅藻土细粉70g，加入粉末混合机中充分混合均匀，即得目标制剂。

3. 性能指标检测

（1）活孢子数日测定：利用稀释涂平板方法测定1g制剂中活孢子的数日，以不低于2亿孢子/g为合格。

（2）润湿性测定：取100mL标准硬水注入250mL烧杯中，将此烧杯置于25℃的恒温水浴中，使其液面与水浴的水平面平齐。待硬水至25℃时，称取5g制剂样品。从与烧杯口齐平的位置将全部试样一次性均匀地倾倒在该烧杯的液面上，但不要过分地扰动液面。加试样时立即用秒表计时，直至试样全部润湿为止（留在液面上的细粉膜可忽略不计）。记下润湿时间，重复5次，取其平均值，作为该样品的润湿时间，以＜2min为合格。

（3）悬浮率测定：参照GB/T 14825—2006标准的操作方法测定所制备的木霉WP的总悬浮率和孢子悬浮率，以＞70％为合格。

（4）细度测定：依据GB/T 16150—1995《农药粉剂、可湿性粉剂细度测定方法》。采用湿筛法，将称好的试样，置于烧杯中润湿、稀释，倒入润湿的实验筛（325目）中，用平缓的自来水流直接冲洗，再将实验筛置于盛水的盆中继续洗涤，将筛中残余物转移至烧杯中，干燥残余物，称重。以通过325目标准筛＞95％为宜。

筛网目数与孔径的换算

（5）储存稳定性测定：将制备的WP样品密封放置于室温储存，每隔一定时间取样测定WP的活孢子数目、润湿性、悬浮率、细度等指标是否合格。

四、实验报告

记录并评价所制备的生防真菌可湿性粉剂的各项性能指标，完成实验报告。

实验十三　40亿活菌/g枯草芽孢杆菌水分散粒剂的加工及性能指标检测

一、实验目的

学习生防细菌水分散粒剂的加工工艺和方法，了解其性能指标的检验方法。

二、实验材料

仪器设备：电子分析天平，气流粉碎机，低温粉碎机，粉末混合机，40目振动筛，恒温水浴锅，250mL量筒2个、100mL量筒2个，250mL烧杯1个、200mL烧杯1个。

供试药剂：市售枯草芽孢杆菌菌粉（1000亿CFU/g）、轻质碳酸钙、葡萄糖、湿润剂1004、鱼粉和羧甲基纤维素（CMC）。

三、实验方法

1. 制剂配方

枯草芽孢杆菌原粉20g，葡萄糖55g，湿润剂1004 5g，鱼粉10g，CMC 1g，轻质碳酸钙9g。

2. 40亿活菌/g枯草芽孢杆菌水分散粒剂的制备

（1）助剂的粉碎：利用气流粉碎机分别将葡萄糖、湿润剂1004、鱼粉、CMC和轻质碳酸钙进行粉碎，并用45μm的网进行筛分，获得各个助剂的细粉。

（2）枯草芽孢杆菌原粉的粉碎：利用低温粉碎机对菌粉进行粉碎，整个过程控制温度低于50℃，并用45μm的网进行筛分，获得菌粉细粉。

（3）造粒：按配方比例称取粉碎后的各组分，置于粉末混合机中混合均匀，并缓慢加水进行捏合，后置于旋转挤压造粒机进行挤压造粒。

（4）干燥和筛分：将颗粒置于烘箱中在45～50℃干燥，干燥后含水量控制在6%～8%，通过40目振动筛进行筛分，粒径大于40目的颗粒即为目标制剂。

3. 性能指标检测

（1）活菌数目测定：利用稀释涂平板方法准确的称取样品 1g，溶于 10mL 无菌水中制备孢子悬液，再利用梯度稀释法将孢子悬液逐级稀释，直至浓度为 300～3000 个孢子/mL（血球计数板计数），取该稀释液 0.1mL 均匀的涂布于 PDA 平板上，盖上培养皿盖培养 48h，记录菌落数，以不低于 40 亿活菌/g 为合格。

（2）悬浮率的测定：参照 GB/T 14825—2006 标准的操作方法测定所制备的枯草芽孢杆菌水分散粒剂的总悬浮率和菌体悬浮率，以＞ 70％为合格。

（3）其他性能指标的测定：枯草芽孢杆菌水分散粒剂的润湿性、分散性、崩解性等性能指标的测定方法同水分散粒剂；储存稳定性的测定方法同木霉菌可湿性粉剂。

四、实验报告

记录并评价所制备的生防细菌水分散粒剂的各项性能指标，完成实验报告。

第三章

农药残留与分析实验

实验一　西瓜中克百威残留测定——农药残留快速检测法

一、实验目的

学习农药残留快速检测方法，掌握酶抑制-分光光度法快速测定西瓜中的克百威残留的原理。

二、实验原理

克百威（carbofuran）是一种氨基甲酸酯类杀虫剂。克百威对胆碱酯酶有抑制作用，其抑制率与克百威的浓度呈正相关。酶催化乙酰胆碱水解，其水解产物与显色剂反应，产生黄色物质，用分光光度计在412nm处测定吸光度随时间的变化值，计算出抑制率。

三、实验材料

仪器设备：恒温水浴锅、天平、分光光度计。

供试药剂：丙酮、K_2HPO_3、KH_2PO_3、5,5-二硫代双(2-硝基苯甲酸)、$NaHCO_3$、碘化乙酰硫代胆碱。

检测样品：西瓜。

四、实验方法

1. 溶液配制

克百威标准溶液：精密移取克百威标准储备液（1000μg/mL）1mL，置于 10mL 容量瓶中，用丙酮定容至刻度，摇匀，制成浓度为 100μg/mL 的标准液 A。精密移取克百威标准中间液 A（100μg/mL）1mL，分别置于 100mL 容量瓶中，用缓冲溶液（pH 8.0）定容至刻度，摇匀，制成浓度为 1μg/mL 的标准中间液 B。

2. 试样提取

选取有代表性的西瓜样品，擦去表面泥土等杂质，切成 1cm 左右正方形碎片，称取 3g（精确至 0.1g）放入离心管中，加入 10mL 缓冲溶液（pH 8.0），振摇 50 次，静置 2min 以上，倒出提取液，静置 3～5min，待用。

3. 试样测定

（1）对照液的测定：先于反应管中加入 3mL pH 8.0 缓冲溶液（11.9g 无水 K_2HPO_3，3.2g KH_2PO_3，溶解于 1000mL 水中），再加入适量酶液、0.1mL 显色剂[160mg 5,5-二硫代双(2-硝基苯甲酸）和 15.6mg $NaHCO_3$，用 20mL 缓冲溶液溶解]，摇匀后于 37℃水浴锅中放置 15min。加入 0.1mL 底物（125mg 碘化乙酰硫代胆碱，加 15mL 蒸馏水溶解）摇匀，立即在 412nm 处测定吸光度，3min 后再测定一次，记录反应 3min 的吸光度值的变化 ΔA_0。

（2）样品液的测定：先于反应管中加入 3mL 提取液，其他操作与对照液操作相同，记录反应 3min 的吸光度值的变化 ΔA_t。

4. 质控实验

每次测定应同时进行空白实验和加标质控实验。

空白实验：取空白的西瓜试样，进行提取和测定。

加标质控实验：取空白西瓜试样，擦去表面泥土等杂质，切成 1cm 左右正方碎片，称取 5 份试样各 3g（精确至 0.1g）放入小离心管中，分别加入克百威标准中间液 B（1μg/mL），加入 10mL 缓冲溶液（pH 8.0），振摇 50 次，静置 2min 以上，倒出提取液，静置 3～5min，进行测定。

5. 结果计算

（1）结果以酶被抑制的程度（抑制率）表示，见式（3-1）。

$$抑制率(\%)=\frac{\Delta A_0-\Delta A_t}{\Delta A_0}\times 100\% \tag{3-1}$$

式中　ΔA_0——对照溶液反应 3min 吸光度的变化值；

ΔA_t——样品溶液反应 3min 吸光度的变化值。

（2）当抑制率≥50%时，表示蔬菜中有机磷和氨基甲酸酯类农药残留高于检测限，判定为阳性，阳性结果的样品需要重复检验 2 次以上。

（3）空白实验测定结果应为阴性，加标质控实验测定结果应均为阳性。

五、实验报告

请简述酶抑制-分光光度法快速测定西瓜中的克百威残留方法的主要优点和缺点。完成实验报告。

实验二　大米中多菌灵残留测定——紫外分光光度法

一、实验目的

学习使用紫外分光光度法，掌握紫外分光光度法测定大米中多菌灵残留量的方法。

二、实验原理

多菌灵（carbendazim）属苯并咪唑类，是一种广谱性杀菌剂。利用多菌灵中苯并咪唑基团的特异吸收，使用甲醇提取试样中的多菌灵，直接使用紫外分光光度法测定吸光度进行定量。定量时为了排除各种作物中的其他干扰影响，采用作图法，求得校正吸光度，再根据校正吸光度和多菌灵的关系绘制成标准曲线。

三、实验材料

仪器设备：紫外分光光度计、空气冷凝管或60cm长的玻璃管。

供试药剂：甲醇、石油醚、CH_2Cl_2、100g/L氯化钠溶液、盐酸、氨水、多菌灵。

检测样品：大米。

四、实验方法

1. 溶液配制

（1）石油醚：沸程30～60℃。

（2）盐酸溶液：量取盐酸90mL，加水稀释至1000mL。

（3）氢氧化铵溶液（1＋7）：量取氨水10mL，加水稀释至80mL。

（4）多菌灵标准溶液：准确称取50.0mg多菌灵置于烧杯中，用盐酸溶液溶解，移入50mL容量瓶中，并定容至刻度，此溶液每毫升相当于1.0mg多菌灵。

（5）多菌灵标准使用液：吸取 10.0mL 多菌灵标准溶液，置于 100mL 容量瓶中，加盐酸溶液定容至刻度。此溶液每毫升相当于 100.0μg 多菌灵。

2. 标准曲线的绘制

100mg/L 多菌灵标准溶液配制：称取多菌灵 50.0mg 置于烧杯中，用盐酸溶液溶解，移入 50mL 容量瓶中，并定容至刻度；再吸取上述溶液 5mL，移入 50mL 容量瓶中，并用盐酸溶液定容至刻度。

准确吸取 0mL、0.1mL、0.3mL、0.5mL 多菌灵标准溶液（相当于 0μg、10μg、30μg、50μg 多菌灵），置于预先盛有 20mL 盐酸溶液的分液漏斗中，用 CH_2Cl_2 提取两次，每次 10mL，弃去 CH_2Cl_2 层，水溶液用氢氧化铵（1+7）中和到 pH 值 6.0～6.5，再用 CH_2Cl_2 提取两次，每次 20mL，合并 CH_2Cl_2 提取液，用 10mL 水洗涤一次，将 CH_2Cl_2 分入另一个干的分液漏斗中，准确加入 10mL 盐酸溶液，振摇 5min，静置分层后，移除 CH_2Cl_2 层，取盐酸提取液进行比色。

用 1cm 石英比色杯装，以盐酸溶液调节分光光度计零点，分别测定 260nm、282nm、290nm 波长处的吸光度。计算出各浓度处 260nm、290nm 两点所形成的直线上的 282nm 时的吸光值 A_1，设测得的 282nm 处的吸光度为 A，则以多菌灵含量为横坐标，校正吸光度 ΔA（$\Delta A = A - A_1$）为纵坐标绘制标准曲线。

3. 试样提取

准确称取 50.0g 经搅碎、混匀的样品于锥形瓶中，加入 50mL 甲醇，于振荡器振摇 0.5h，用布氏漏斗抽滤，锥形瓶和滤器用甲醇洗涤两次，每次约 20mL，抽干后滤液移入分液漏斗中，滤瓶用约 10mL 水洗涤，洗液并入滤液内，加入 30mL 浓度为 100g/L 的氯化钠溶液，用石油醚振摇提取两次，每次 25mL，弃去石油醚层，加盐酸调 pH 值至 1～2（用 pH 试纸试），用 CH_2Cl_2 提取两次，每次 25mL，弃去 CH_2Cl_2，水层按“2. 标准曲线的绘制”中方法进行酸度调节。

4. 试样测定

计算出试样中的 ΔA 值，代入多菌灵标准曲线，查出样品中多菌灵的质量 m，再计算试样中多菌灵的含量。

5. 质控实验

每次测定应同时进行空白实验和加标质控实验。

空白实验：取空白的大米试样，进行提取和测定。

加标质控实验：称取 5 份试样，每份准确称取 50.0g 经搅碎、混匀的样品于锥形瓶中，加入 50mL 甲醇，分别加入多菌灵标准溶液，于振荡器振摇 0.5h，用布氏漏斗抽滤，锥形瓶和滤器用甲醇洗涤两次，每次约 20mL，抽干后滤液移入分液漏斗中，滤瓶用约 10mL 水洗涤，洗液并入滤液内，加入 30mL 浓度为 100g/L 的氯化钠溶液，用石油醚振摇提取两次，每次 25mL，弃去石油醚层，加盐酸调 pH 值至 1～2（用 pH 试纸测试），用 CH_2Cl_2 提取两次，每次 25mL，移除 CH_2Cl_2，水层按“2. 标准曲线的绘制”中方法进行酸度调节。

6. 结果计算

试样中多菌灵含量按式（3-2）计算：

$$x=\frac{m_1\times 1000}{m\times 1000} \tag{3-2}$$

式中　x——试样中多菌灵含量，mg/kg；

m_1——测定用试样中多菌灵的质量，μg；

m——试样的质量，g。

计算结果表示到两位有效数字。

五、实验报告

简述本实验利用分光光度法测定多菌灵含量的理论依据，完成实验报告。

实验三　除草剂莠去津含量的测定 气相色谱-火焰离子化检测器

一、实验目的

学习使用气相色谱仪，掌握气相色谱-火焰离子化检测器测定除草剂莠去津含量的方法。

二、实验原理

莠去津（atrazine）是一种三嗪类除草剂。试样用三氯甲烷溶解，以三唑酮为内标物，使用内壁键合聚乙二醇毛细管色谱柱或聚乙二醇填充色谱柱和氢火焰离子化检测器，对试样中的莠去津进行气相色谱分离和测定。

三、实验材料

仪器设备：气相色谱仪（具有氢火焰离子化检测器），色谱数据处理机或色谱工作站，色谱柱［30m×0.32mm(i.d.）双联毛细柱，内壁键合聚乙二醇，膜厚 0.25μm］，10μL 微量进样器。

供试药剂：三氯甲烷、三唑酮（质量分数≥95%，应不含有干扰分析的杂质）、莠去津（质量分数≥99.0%）。

四、实验方法

1. 溶液配制

（1）内标溶液的配制：称取 6.8g 三唑酮，置于 1000mL 容量瓶中，用三氯甲烷溶解并定容至刻度，摇匀。

（2）标样溶液的配制：称取莠去津标样 0.1g（精确至 0.0002g），置于 15mL 具塞玻璃瓶中，用移液管移入 10mL 内标溶液，摇匀。

（3）试样溶液的配制：称取约含莠去津 0.1g 的试样（精确至 0.0002g），置于 15mL 具塞玻璃瓶中，用标样溶液配制中使用的同一支移液管移入 10mL 内标溶液，摇匀。

2. 试样测定

柱温：195℃；进样口温度：230℃；检测器温度：230℃。气体流速（mL/min）：载气（氮气）2.0、氢气 30、空气 300。进样体积（μL）：1.0。保留时间（min）：莠去津约 4.2，内标物（三唑酮）约 6.0。该条件下，待仪器基线稳定后，连续注入数针标样溶液，计算各针莠去津与内标物峰面积之比的重复性，待相邻两针莠去津与内标物峰面积比的相对变化小于 1.5%时，按照标样溶液、试样溶液、试样溶液、标样溶液的顺序进行测定。

3. 结果计算

将测得的两针试样溶液以及试样前后两针标样溶液中莠去津与内标物的峰面积比分别取平均值。试样中莠去津的质量分数 w_1（%），按式（3-3）计算：

$$w_1=\frac{r_2\times m_1\times w}{r_1\times m_2} \tag{3-3}$$

式中　r_1——标样溶液中，莠去津与内标物峰面积比的平均值；

r_2——试样溶液中，莠去津与内标物峰面积比的平均值；

m_1——标样的质量，g；

m_2——试样的质量，g；

w——莠去津标样的质量分数，%。

五、实验报告

请简述火焰离子化检测器的工作原理，完成实验报告。

实验四　杀虫剂啶虫脒含量的测定
液相色谱-紫外检测器

一、实验目的

学习使用液相色谱仪，掌握液相色谱-紫外检测器测定杀虫剂啶虫脒含量的方法。

二、实验材料

仪器设备：高效液相色谱仪（配紫外检测器、进样器）。

供试药剂：啶虫脒标准品（含量99.99％）、3％啶虫脒乳油、甲醇（优级纯，液相色谱专用）、二次蒸馏水。

三、实验方法

1. 溶液配制

（1）标准溶液的配制：称取啶虫脒标准品0.1g（精确至0.0001g）于100mL容量瓶中，用甲醇溶解并定容至刻度，摇匀。

（2）样品溶液的配制：称取啶虫脒乳油1.0g（精确至0.0001g）于100mL容量瓶中，用甲醇溶解并定容至刻度，摇匀。

2. 试样测定

色谱柱：C_{18}液相色谱柱，或性质相似的色谱柱；流动相：甲醇-水（85∶15，体积比）；检测波长：254nm；流量：0.8mL/min；纸速：2.5mm/min；进样量：2μL；保留时间：5.0min。该色谱条件下，待仪器系统平稳后，先用数针流动相溶液冲洗进样阀（六通阀），再重复数针啶虫脒标准溶液，至啶虫脒响应值稳定后，按下列顺序进行分析：标准溶液，试样溶液，试样溶液，标准溶液。

3. 结果计算

啶虫脒质量百分含量（％）按照式（3-4）计算：

$$x=\frac{h_1 \times m_2 \times P}{h_2 \times m_1} \tag{3-4}$$

式中　h_1——样品溶液峰高平均值，mm；

h_2——标准溶液峰高平均值，mm；

m_1——啶虫脒样品的称样量，g；

m_2——啶虫脒标准品称样量，g；

P——啶虫脒标准品质量百分含量，%。

4. 其他

（1）方法精密度测定：在上述色谱条件下，称取 10 个啶虫脒乳油样品，平行测定其中啶虫脒的含量。

（2）方法准确度测定：采用添加回收率方法，分别将已知含量的样品加入一定量的标准品中，在上述色谱条件下测定回收率。

四、实验报告

简述液相色谱法梯度洗脱和等度洗脱的主要区别，完成实验报告。

实验五　豇豆中倍硫磷残留的测定
气相色谱-火焰光度检测器

一、实验目的

学会使用气相色谱-火焰光度检测器测定豇豆中倍硫磷残留的方法。

二、实验原理

倍硫磷（fenthion）是一种高效、广谱有机磷杀虫剂。试样中倍硫磷经乙腈提取，提取溶液经过滤、浓缩后，用丙酮定容，用自动进样器注入气相色谱仪的进样口，农药组分经毛细管气相色谱柱分离，火焰光度检测器（FPD，配磷滤光片）检测。利用保留时间定性，外标法定量。

三、实验材料

仪器设备：气相色谱仪［带有火焰光度检测器（FPD，配磷滤光片）、自动进样器、分流/不分流进样口］、旋涡混合器、匀浆机、氮吹仪、电子天平以及其他实验室仪器设备。

供试药剂：倍硫磷标准品（含量≥99.0%），乙腈、丙酮、氯化钠等（分析纯以上）。

检测样品：豇豆。

四、实验方法

1. 试样制备

从原始豇豆样品中取出代表性样品约500g，用组织粉碎机粉碎，混匀，装入洁净的容器内，密封并清晰标记。−18℃以下冷冻保存。

2. 溶液配制

（1）标准储备溶液的配制：准确称取倍硫磷标准品10mg（精确至0.1mg）于10mL容量瓶中，用丙酮溶解并定容至刻度，摇匀，制成1000mg/L的单一农药标准储备液，贮存在－18℃以下冰箱中。

（2）标准工作溶液的配制：将倍硫磷标准储备溶液用丙酮逐一稀释成0.02μg/mL、0.05μg/mL、0.10μg/mL、0.20μg/mL、0.50μg/mL的系列标准工作溶液，使用前配制。

3. 样品前处理

（1）提取：准确称取25.0g试样放入匀浆机中，加入50.0mL乙腈，在匀浆机中高速匀浆2min后用滤纸过滤，滤液收集到装有5～7g氯化钠的100mL具塞量筒中，收集滤液40～50mL，盖上塞子，剧烈振荡1min，在室温下静置30min，使乙腈相和水相分层。

（2）净化：从具塞量筒中吸取10.0mL乙腈溶液，放入150mL烧杯中，将烧杯放在80℃水浴锅上加热，杯内缓缓通入氮气或空气流，蒸发（或使用旋转蒸发）近干，加入2.0mL丙酮，备用。

将上述备用液完全转移至5mL刻度离心管中，再用约3mL丙酮分三次冲洗烧杯，并转移至离心管，定容至5.0mL，在旋涡混合器上混匀，取2mL移入自动进样器样品瓶中，供色谱测定。如定容后的样品溶液过于混浊，应用0.2μm滤膜过滤后再进行测定。

4. 试样测定

（1）色谱柱：50％聚苯基甲基硅氧烷柱（DB-17或HP-50＋），30m×0.53mm×1.0μm，或性质相似色谱柱。

（2）温度：进样口温度220℃；检测器温度250℃；柱温150℃（保持2min），以10℃/min升至250℃（保持12min）。

（3）气体及流量：载气为氮气，纯度≥99.999％，流速为10mL/min；燃气为氢气，纯度≥99.999％，流速为75mL/min；助燃气为空气，流速为100mL/min。

（4）进样方式：不分流进样。由自动进样器分别吸取1.0μL标准混合溶液和净化后的样品溶液注入色谱仪中，以保留时间定性，以样品溶液峰面积与标准溶液峰面积比较定量。

5. 结果计算

（1）定性分析　测得样品溶液中倍硫磷的保留时间分别与标准溶液在色谱柱上的保

留时间相比较，两者保留时间相差在±0.05min内的可认定为倍硫磷。

（2）定量结果计算　结果以质量分数 w 计，单位以mg/kg表示，计算公式如下。

$$w=\frac{V_1 \times A \times V_3}{V_2 \times A_s \times m} \times \rho \tag{3-5}$$

式中　ρ——标准溶液中农药的质量浓度，mg/L；

A——样品溶液中被测农药的峰面积；

A_s——农药标准溶液中被测农药的峰面积；

V_1——提取溶剂总体积，mL；

V_2——吸取出用于检测的提取溶液的体积，mL；

V_3——样品溶液定容体积，mL；

m——试样的质量，g。

计算结果保留两位有效数字，当结果大于1mg/kg时保留三位有效数字。

五、实验报告

1. 请分析气相色谱-火焰光度检测器测定豇豆样品时干扰峰较少的原因。
2. 请分析本实验中可选择的两根气相色谱柱的性质差异。
3. 完成实验报告。

实验六　荔枝中联苯菊酯残留的测定 气相色谱-电子捕获检测器

一、实验目的

学会使用气相色谱-电子捕获检测器检测荔枝中联苯菊酯残留的方法。

二、实验原理

联苯菊酯（bifenthrin）属于拟除虫菊酯类农药，可以作为高效杀虫剂、杀螨剂使用。试样中联苯菊酯用乙腈提取，提取液经过滤、浓缩后，采用固相萃取柱分离、净化，淋洗液经浓缩后，用自动进样器将样品溶液注入气相色谱仪的进样口，农药组分经毛细管气相色谱柱分离，电子捕获检测器（ECD）检测。利用保留时间定性，外标法定量。

三、实验材料

仪器设备：气相色谱仪（带有电子捕获检测器、自动进样器、分流/不分流进样口）、低速台式离心机、旋转蒸发仪、水浴锅、水浴恒温振荡器、电子天平以及其他实验室仪器设备。

供试药剂：联苯菊酯标准品（含量≥99.0%），正己烷、乙腈、丙酮、氯化钠等分析纯。

检测样品：荔枝。

四、实验方法

1. 试样制备

从原始荔枝样品中取出代表性样品约 500g，通常应去除果核，用组织粉碎机粉碎，混匀，装入洁净的容器内，密封并清晰标记。－18℃以下冷冻保存。

2. 溶液配制

（1）标准储备溶液的配制：准确称取联苯菊酯标准品 10mg（精确至 0.1mg）于

10mL 容量瓶中，用正己烷溶解并定容至刻度，摇匀，制成 1000mg/L 的单一农药标准储备液，贮存在−18℃以下冰箱中。

（2）标准工作溶液的配制：将联苯菊酯标准储备溶液用正己烷逐一稀释成 0.01μg/mL、0.02μg/mL、0.05μg/mL、0.10μg/mL、0.50μg/mL 的系列标准工作溶液，使用前配制。

3. 样品前处理

（1）提取：准确称取 25.0g 试样放入匀浆机中，加入 50.0mL 乙腈，在匀浆机中高速匀浆 2min 后用滤纸过滤，滤液收集到装有 5～7g 氯化钠的 100mL 具塞量筒中，收集滤液 40～50mL，盖上塞子，剧烈振荡 1min，在室温下静置 30min，使乙腈相和水相分层。

（2）净化：从 100mL 具塞量筒中吸取 10.0mL 乙腈溶液，放入 150mL 烧杯中，将烧杯放在 80℃水浴锅上加热，杯内缓缓通入氮气或空气流，蒸发近干，加入 2.0mL 正己烷，待净化。

将弗罗里硅土柱依次用 5.0mL 丙酮＋正己烷（1∶9）、5.0mL 正己烷预淋洗，当溶剂液面到达柱吸附层表面时，立即倒入上述待净化溶液，用 15mL 刻度离心管接收洗脱液，用 5mL 丙酮＋正己烷（1∶9）冲洗烧杯后淋洗弗罗里硅土柱，并重复一次。将盛有淋洗液的离心管置于氮吹仪上，在水浴温度 50℃条件下，氮吹蒸发（或使用旋转蒸发）至小于 5mL，用正己烷定容至 5.0mL，在旋涡混合器上混匀，分别移入两个 2mL 自动进样器样品瓶中，待测。

4. 试样测定

（1）色谱柱：100％聚甲基硅氧烷柱（DB-1 或 HP-1），30m×0.25mm×0.25μm，或性质相似色谱柱。

（2）温度：进样口温度 200℃；检测器温度 320℃；柱温 150℃（保持 2min），以 10℃/min 升至 250℃（保持 8min）。

（3）气体及流量：载气为氮气，纯度≥99.999％，流速为 1mL/min；辅助气为氮气，纯度≥99.999％，流速为 60mL/min。

（4）进样方式：分流进样，分流比 10∶1。

由自动进样器分别吸取 1.0μL 标准混合溶液和净化后的样品溶液注入色谱仪中，以保留时间定性，以样品溶液峰面积与标准溶液峰面积比较定量。结果计算同“实验五 豇豆中倍硫磷残留的测定　气相色谱-火焰光度检测器”。

五、实验报告

请简述电子捕获检测器的主要工作原理，完成实验报告。

实验七　香蕉中戊唑醇残留的测定 气相色谱-氮磷检测器

一、实验目的

学会使用气相色谱-氮磷检测器快速测定香蕉中戊唑醇残留的方法。

二、实验原理

戊唑醇（tebuconazole）是一种三唑类杀菌剂，它能有效防治多种作物的各类锈病及白粉病等病害。样品用乙腈匀浆提取，经盐析分离部分水分后，移取一定量的提取液，采用固相萃取技术分离、净化，收集淋洗液浓缩定容后，用带有氮磷检测器的气相色谱仪测定。

三、实验材料

仪器设备：气相色谱仪，带氮磷检测器；自动进样器，分流/不分流进样口；旋涡混合器、匀浆机、氮吹仪、电子天平以及其他实验室仪器设备。

供试药剂：戊唑醇标准品（含量≥99.0%），乙腈、丙酮、氯化钠（均为分析纯以上）。

检测样品：香蕉。

四、实验方法

1. 试样制备

从原始香蕉样品中取出代表性样品约500g，用组织粉碎机粉碎，混匀，装入洁净的容器内，密封并清晰标记。－18℃以下冷冻保存。

2. 溶液配制

（1）标准储备溶液的配制：准确称取戊唑醇标准品10mg（精确至0.1mg）于10mL容量瓶中，用丙酮溶解并定容至刻度，摇匀，制成1000mg/L的单一农药标准储备液，贮存在－18℃以下冰箱中。

（2）标准工作溶液的配制：将倍硫磷标准储备溶液用丙酮逐一稀释成0.02μg/mL、0.05μg/mL、0.10μg/mL、0.20μg/mL、0.50μg/mL的系列标准工作溶液，使用前配制。

3. 样品前处理

（1）提取：称取（25.00±1）g 试样，置于烧杯中，加入 50.0mL 乙腈，匀浆 2min。在 100mL 具塞量筒内放入 5～7g 氯化钠，放一铺有滤纸的玻璃漏斗，过滤样品，收集滤液于 100mL 具塞量筒内，盖上塞子，剧烈振荡 1min，在室温下静置 10min，使乙腈和水相分层。

（2）净化：从 100mL 具塞量筒中吸取 10.0mL 乙腈相溶液（上层），放入 150mL 烧杯中，将烧杯放在水浴锅（80℃）上加热，杯内缓缓通入氮气，将乙腈蒸发近干，加入 2mL 丙酮备用。使用氮磷检测器，可用丙酮将备用液定容至 5.00mL，直接上机测定。

4. 试样测定

（1）色谱柱：极性色谱柱（DB 608），30m × 0.53mm × 1.0μm，或性质相似色谱柱。

（2）温度：进样口温度为 260℃；检测器温度为 300℃；柱温为 120℃，保持 1min，然后以 30℃/min 程序升温至 260℃，保持 4min。

（3）气体及流量：载气为氮气，纯度≥99.99%，流速为 7.00mL/min；氢气流速为 2.70mL/min；空气流速为 60mL/min。

（4）进样方式：不分流进样，0.80min 后打开分流阀和隔垫吹扫阀。

由自动进样器分别吸取 1.0μL 标准混合溶液和净化后的样品溶液注入色谱仪中，以保留时间定性，以样品溶液峰面积与标准溶液峰面积比较定量。

5. 结果计算

（1）定性分析　测得样品溶液中戊唑醇的保留时间与标准溶液在色谱柱上的保留时间相比较，两者相差在±0.05min 内的可认定为戊唑醇。

（2）定量结果计算　试样中戊唑醇的残留量以质量分数 w 计，单位以 mg/kg 表示。

$$w=\frac{A\times c\times V_1\times V_2}{A_s\times m\times V} \tag{3-6}$$

式中　A——样品溶液中戊唑醇的色谱峰面积；

A_s——标准溶液中戊唑醇的色谱峰面积；

c——标准溶液中戊唑醇的质量浓度，mg/L；

V——提取液定容体积，mL；

V_1——分取体积，mL；

V_2——上机液定容体积，mL；

m——试样的质量，g。

五、实验报告

请简述氮磷检测器日常使用和保养的注意事项，并完成实验报告。

实验八　白菜中甲萘威残留的测定
液相色谱-荧光检测器

一、实验目的

学会使用液相色谱-荧光检测器测定白菜中甲萘威残留的方法。

二、实验原理

甲萘威（carbaryl）是一种广谱氨基甲酸酯类杀虫剂。含有甲萘威的白菜经提取、净化后浓缩，经高效液相色谱分离，经柱后衍生后，用荧光检测器检测，外标法定量。

三、实验材料

仪器设备：液相色谱仪（配有荧光检测器和柱后衍生单元）、分析天平、旋转蒸发装置、氮吹仪、组织匀浆机、振荡器以及其他实验室仪器设备。

供试药剂：甲萘威标准品（含量≥99.0%）、乙腈、乙酸乙酯、环己烷、丙酮、石油醚（沸程 30～60℃）、无水硫酸钠（650℃灼烧 4h，在干燥器内冷却至室温，贮于密封瓶中备用）、氯化钠、柱后衍生试剂、邻苯二甲醛、巯基乙醇。

检测样品：白菜。

四、实验方法

1. 试样制备

从原始白菜样品中取出代表性样品约 500g，用组织粉碎机粉碎，混匀，装入洁净的容器内，密封并清晰标记。−18℃以下冷冻保存。

2. 溶液配制

（1）邻苯二甲醛试液（OPA 试液）：溶剂储罐中注入 945mL OPA 稀释剂，用惰性气体（氮气）吹扫至少 10min，100mg OPA 固体溶解于约 10mL 的色谱纯甲醇中，将 OPA 溶液加入除氧的 OPA 稀释剂中，溶解 2g 巯基乙醇固体于 5mL OPA 稀释剂中，加入储罐中，盖上瓶盖，打开气流，再不断地吹扫几分钟，关闭排气阀，轻轻地搅动溶剂以使其完全混合。

（2）NaOH 溶液（0.2%，质量浓度）：取 2g NaOH，以水定容至 1000mL。

（3）邻苯二甲醛稀释液：硼砂溶液（0.4%，质量浓度）。

（4）乙酸乙酯-环己烷混合溶液（1＋1，体积分数）：取100mL乙酸乙酯，加入100mL环己烷，摇匀备用。

（5）甲萘威标准储备溶液：称取适量甲萘威标准品（精确至0.1mg），用乙腈溶解配制成浓度为1.0mg/mL的标准储备溶液，4℃保存，有效期6个月。

（6）甲萘威中间标准溶液：吸取适量甲萘威标准储备溶液用乙腈稀释配制成1μg/mL的中间标准溶液，4℃保存，有效期1个月。

（7）甲萘威标准工作溶液：将甲萘威中间标准溶液用空白试样基质溶液稀释成0.50ng/mL、1.00ng/mL、5.00ng/mL、10.00ng/mL、20.00ng/mL、50.00ng/mL的系列标准工作溶液，使用前配制。

3. 样品前处理

（1）提取：准确称取25.0g试样放入匀浆机中，加入50.0mL乙腈，在匀浆机中高速匀浆2min后用滤纸过滤，滤液收集到装有5～7g氯化钠的100mL具塞量筒中，收集滤液40～50mL，盖上塞子，剧烈振荡1min，在室温下静置30min，使乙腈相和水相分层。

（2）净化：从100mL具塞量筒中准确吸取10.00mL乙腈相溶液，放入150mL烧杯中，将烧杯放在80℃水浴锅上加热，杯内缓缓通入氮气或空气流，将乙腈蒸发近干；加入2.0mL甲醇＋CH_2Cl_2（1＋99）溶解残渣，待净化。

将氨基柱用4.0mL甲醇＋CH_2Cl_2（1＋99）预洗，当溶剂液面到达柱吸附层表面时，立即加入上述待净化溶液，用15mL离心管收集洗脱液，用2mL甲醇＋CH_2Cl_2（1＋99）洗烧杯后过柱，并重复一次。将离心管置于氮吹仪上，水浴温度50℃，氮吹蒸发至近干，用甲醇准确定容至2.5mL。在混合器上混匀后，用0.2μm滤膜过滤，待测。

4. 结果计算

按式（3-7）计算试样中甲萘威的含量：

$$X=\frac{A\times c_s\times V}{A_s\times m} \tag{3-7}$$

式中 X——试样中甲萘威的含量，μg/g；

A——试样中甲萘威的色谱峰面积；

c_s——标准工作溶液中甲萘威的浓度，μg/mL；

V——样液最终定容体积，mL；

A_s——标准工作溶液中甲萘威的色谱峰面积；

m——最终样液所代表的量，g。

五、实验报告

请分析液相色谱紫外检测器和荧光检测器的异同，并说明其在农残分析的主要应用范围。完成实验报告。

实验九 杧果中咪鲜胺残留的测定 气相色谱-质谱联用法

一、实验目的

学会使用气相色谱-质谱联用技术测定杧果中咪鲜胺残留的方法。

二、实验原理

咪鲜胺（prochloraz）是一种广谱高效的咪唑类杀菌剂。试样中咪鲜胺用乙腈提取，提取液经过滤、浓缩后，采用弗罗里硅土柱净化，淋洗液经浓缩后，用自动进样器将样品溶液注入气相色谱-质谱联用仪的进样口，农药组分经毛细管气相色谱柱分离，采集质谱信号进行检测。利用保留时间定性，外标法定量。

三、实验材料

仪器设备：气相色谱-质谱联用仪；搅拌机、匀浆机、旋转蒸发仪、振动器、电子天平以及其他实验室仪器设备。

供试药剂：咪鲜胺标准品（含量≥99.0%）、乙腈、正己烷、甲苯、丙酮、氯化钠、弗罗里硅土柱（1000mg / 6mL）。

检测样品：杧果。

四、实验方法

1. 试样制备

从原始样品中取出代表性样品约500g，用组织粉碎机粉碎，混匀，装入洁净的容器内，密封并清晰标记。－18℃以下冷冻保存。

2. 溶液配制

（1）咪鲜胺标准储备溶液：称取适量咪鲜胺标准品，用乙腈溶解配制成浓度为 1.0mg/mL 的标准储备溶液，－18℃冷冻避光保存，有效期 6 个月。

（2）咪鲜胺中间标准溶液：吸取适量咪鲜胺标准储备溶液用乙腈稀释配制成 1μg/mL 的中间标准溶液，－18℃冷冻避光保存，有效期 1 个月。

（3）咪鲜胺标准工作溶液：将咪鲜胺中间标准溶液用空白试样基质溶液稀释成 0.50ng/mL、1.00ng/mL、5.00ng/mL、10.00ng/mL、20.00ng/mL、50.00ng/mL 的系列标准工作溶液，使用前配制。

3. 样品前处理

（1）提取：准确称取 25.0g 样品于玻璃杯中，加入 50.0mL 乙腈，用匀浆机高速匀浆 2min 后用滤纸过滤。滤液放入装有 15g 氯化钠的 100mL 具塞量筒内，盖上塞子，剧烈振荡 2min，在室温下静置 30min，使乙腈相与水相分层。

（2）净化：从具塞量筒中吸取 10.0mL 上层溶液，放入 50mL 圆底烧瓶中，40℃水浴中减压旋转蒸发至干，加入 2.0mL 丙酮，待净化。将弗罗里硅土柱用 5mL 乙腈＋甲苯（99＋1）预淋，当溶剂液面到达柱吸附层表面时，立即倒入上述样品溶液，用 50mL 圆底烧瓶接收洗脱液，分 5 次用 5mL 乙腈＋甲苯（99＋1）进行洗脱。将盛有淋洗液的圆底烧瓶置于旋转蒸发仪上，40℃水浴中减压蒸发至约 0.5mL，每次加入 5mL 正己烷在 40℃水浴中减压蒸发至干，用正己烷准确定容至 5.0mL，混匀，待测。

4. 试样测定

（1）色谱柱：毛细管气相色谱柱：DB-5 MS（30m×0.25mm×0.25μm），或性质相似色谱柱。

（2）温度：进样口温度为 260℃；传输线温度为 280℃；离子源温度为 250℃；柱温为 120℃（保留 1min），以 15℃/min 升至 280℃（保留 10min）。

（3）气体及流量：载气为氦气（99.999％），流速为 0.25mL/min。

（4）进样方式：不分流进样。

（5）质谱条件：使用质谱选择离子监测（SIM）对咪鲜胺进行分析。咪鲜胺的特征选择离子：180、266、308，其中 180 为定量离子。

由自动进样器分别吸取 1.0μL 标准混合溶液和净化后的样品溶液注入气相色谱-质谱联用仪中，以保留时间定性，以样品溶液峰面积与标准溶液峰面积比较定量。

5. 结果计算

（1）定性分析　在设定的仪器条件下测定试样和标准工作溶液，如果试样中待测物质的色谱峰保留时间与标准工作溶液一致，偏差在±2.5%以内，定性离子对的相对丰度与浓度相当的标准工作溶液相比，相对丰度偏差不超过规定的范围，则可判断试样中存在对应的待测物。

（2）定量结果计算　在设定的仪器条件下测定标准工作溶液，以峰面积为纵坐标，标准工作溶液浓度为横坐标绘制标准工作曲线，用标准工作曲线对试样进行定量。试样溶液中待测物的响应值均应在仪器测定的线性范围内。

试样中咪鲜胺的含量按式（3-8）计算：

$$X=\frac{c\times V\times 1000}{m} \tag{3-8}$$

式中　X——试样中咪鲜胺的含量，mg/kg；

c——由标准工作曲线得到的试样溶液中咪鲜胺的浓度，ng/mL；

V——试样提取溶液的体积，mL；

m——试样质量，g。

五、实验报告

请分析本实验使用 DB-5MS 气相色谱柱与常规气相色谱柱的区别，完成实验报告。

实验十　辣椒中氯虫苯甲酰胺残留的测定 超高压液相色谱-串联质谱法

一、实验目的

学会使用超高压液相色谱-串联质谱法（UPLC-MS/MS）测定辣椒中氯虫苯甲酰胺残留的方法。

二、实验材料

仪器设备：超高压液相色谱-串联质谱仪（配有电喷雾离子源）、涡旋混合器、组织粉碎器、离心机、微孔滤膜（0.22μm）、电子天平以及其他实验室仪器设备。

供试药剂：氯虫苯甲酰胺标准品（含量≥99.0%）、乙腈、乙酸铵、甲酸（色谱纯）、氯化钠（分析纯）、*N*-丙基乙二胺（PSA）。

检测样品：辣椒。

三、实验方法

1. 试样制备

从原始样品中取出代表性样品约500g，用组织粉碎机粉碎，混匀，装入洁净的容器内，密封并清晰标记。−18℃以下冷冻保存。

2. 溶液配制

（1）氯虫苯甲酰胺标准储备溶液：称取氯虫苯甲酰胺标准品（精确至0.1mg），用乙腈溶解配制成浓度为1.0mg/mL的标准储备溶液，−18℃冷冻避光保存，有效期6个月。

（2）氯虫苯甲酰胺中间标准溶液：吸取适量氯虫苯甲酰胺标准储备溶液用乙腈稀释配制成1μg/mL的中间标准溶液，−18℃冷冻避光保存，有效期1个月。

（3）氯虫苯甲酰胺标准工作溶液：将氯虫苯甲酰胺中间标准溶液用空白试样基质溶液稀释成0.50 ng/mL、1.00 ng/mL、5.00 ng/mL、10.00 ng/mL、20.00 ng/mL、50.00 ng/mL的系列标准工作溶液，使用前配制。

3. 样品前处理

（1）提取：称取10g（精确至0.01g）试样于50mL离心管中，加入20mL乙腈，高速匀浆2min，再加入1.5g氯化钠，涡旋剧烈振荡1min后，以4000r/min离心5min，取上清液待净化。

（2）净化：分取5mL上清液转入10mL的PSA（150mg）净化管中，同时加入C_{18}吸附剂，涡旋剧烈振荡1min，再以4000r/min的转速离心5min，取上清液2.0mL经0.22μm微孔滤膜过滤，使用UPLC-MS/MS进行测定。

4. 试样测定

（1）色谱柱：C_{18}超高压液相色谱柱（100mm×2.1mm×1.7μm），或性质相似色谱柱。

（2）液相色谱条件：柱温：35℃。进样体积：5μL。流动相：A相为0.1%甲酸水溶液（含5mmol/L乙酸铵），B相为乙腈。流动相梯度洗脱程序：0～0.5min，95% A；0.5～1.0min，5% A；1.0～5.0min，5% A；5.0～5.5min，95% A；5.5～6.0min，95% A。流动相流速：0.25mL/min。

（3）质谱参考条件：电喷雾正离子（ESI^+）扫描，喷雾电压4500 V，毛细管温度600℃；多反应监测（MRM）模式。分别选择484.1/285.9和484.1/452.7作为定量和定性离子，去簇电压为82.1 V，碰撞电压分别为20.0 V和22.0 V。

用自动进样器分别吸取1.0μL标准混合溶液和净化后的样品溶液注入超高压液相色谱-串联质谱仪中，以保留时间和定性离子定性，测得定量离子峰面积，待测样液中农药的响应值应在仪器检测的定量测定线性范围之内，超过线性范围时应根据测定浓度进行适当倍数稀释后再分析。

5. 结果计算

（1）定性分析 在设定的仪器条件下测定试样和标准工作溶液，如果试样中待测物质的色谱峰保留时间与标准工作溶液一致，偏差在±2.5%以内，定性离子对的相对丰度与浓度相当的标准工作溶液相比，相对丰度偏差不超过表3-1中规定的范围，则可判断试样中存在对应的待测物。

表3-1 定性确证时相对离子丰度的最大允许偏差

相对离子丰度/%	>50	>20～50	>10～20	≤10
允许的相对偏差/%	±20	±25	±30	±50

（2）定量结果计算 试样中氯虫苯甲酰胺的含量按式（3-8）计算。

四、实验报告

请简述串联质谱仪的工作原理和主要操作注意事项，完成实验报告。

第四章

农药毒理与环境安全实验

实验一　急性经口毒性实验

一、实验目的

了解小鼠的饲养方法，掌握急性毒性实验的操作方法和半数致死浓度的计算方法，进一步加深对毒性分级标准的理解。

二、实验材料

仪器设备：注射器、灌胃针头、吸管、容量瓶、烧杯、棉签、动物体重秤。

供试药剂：待测农药制剂、原药或纯品；苦味酸染液（标记用）。

实验对象：健康成年小鼠。

三、实验方法

1. 实验准备

实验前小鼠应禁食（一般 16h 左右），不限制饮水。选择健康的雄性小鼠（健康标准：毛顺、无分泌物、反应敏锐。小鼠出现圆圈动作可能为中耳炎，废弃）。

实验时，称量小鼠体重，选择体重在 18～22g 的小鼠，采用随机分组的方法，每组 10 只小鼠，用黄色的苦味酸饱和液标号 1～9，10 号小鼠不标记。

确定最高给药量，计算溶液浓度，估计给药总体积，确保灌胃量为 0.1mL/10g。

2. 染毒

对各组小鼠用经口灌胃法一次染毒，即左手固定，右手持灌胃器，插入小鼠口腔，沿咽喉壁徐徐插入食道，深度为口腔至剑突的距离。各剂量组的灌胃体积应相同，小鼠灌胃体积为20mL/kg体重。若一次给予容量太大，也可在24h内分2～3次染毒（每次间隔4～6h），但合并作为一次剂量计算。染毒后继续禁食3～4h。若采用分批多次染毒，根据染毒间隔长短，必要时可给小鼠一定的食物和水。

3. 观察记录

观察并记录染毒过程和观察期内的小鼠中毒和死亡情况。观察期限一般为14d，计算 LD_{50} 值。

四、实验报告

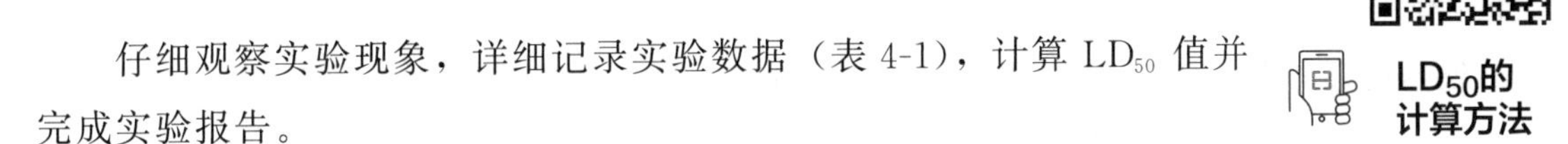

仔细观察实验现象，详细记录实验数据（表4-1），计算 LD_{50} 值并完成实验报告。

表4-1　急性经口毒性实验结果

实验组：　　　　　　　　　　　　　　　　　　实验日期：

小鼠性别	组别	剂量/(mg/kg)	小鼠数/只	体重(X±SD)/g			死亡数/只	死亡率/%	LD_{50} 及95%置信限/(mg/kg)
				0d	7d	14d			

实验二　急性经皮毒性实验

一、实验目的

掌握急性经皮毒性实验的一般方法，为急性经皮毒性分级和亚急性、慢性经皮毒性及其他实验的剂量设计提供实验依据。

二、实验材料

仪器设备：外科剪刀、镊子、吸管、容量瓶、烧杯、棉签、动物体重秤。

供试药剂：待测农药制剂、原药或纯品。

实验对象：大鼠 200～300g。

三、实验方法

1. 实验准备

不溶性或难溶固体或颗粒状待测农药应研磨，过 150μm 孔径筛。用适量无毒无刺激性介质混匀，以保证受试样品与皮肤良好地接触。常用的介质有水、植物油、凡士林、羊毛脂等。液体受试样品一般不必稀释，可直接用原液进行实验。

2. 预实验

设 4～6 个剂量组，每组大鼠一般为 10 只，雌雄各半。各剂量组间距以兼顾产生毒性大小不同和死亡为宜，通常以较大组距和较少量大鼠进行预试。如果受试物毒性很低，可采用一次限量法，即 10 只大鼠（雌雄各半）皮肤涂抹 5000mg/kg 体重剂量，当未引起大鼠死亡，可考虑不再进行多个剂量的急性经皮毒性实验。

3. 染毒

实验开始前 24h，剪去或剃除大鼠躯干背部拟染毒区域的被毛，去毛时应非常小心，不要损伤皮肤以免影响皮肤的通透性。涂皮面积约占大鼠体表面积的 10%。选择适当方法固定好大鼠，将受试物均匀涂敷于大鼠背部皮肤染毒区，然后用一层薄胶片覆盖，无刺激胶布固定，防止大鼠舔食。若受试物毒性较高，可减少涂敷面积，但涂敷仍需尽可能薄而均匀。一般封闭接触 24h。染毒结束后，应使用水或其他适宜的溶液清除残留受试物。

4. 观察

观察期限一般不超过 14d，但要视大鼠中毒反应的严重程度、症状出现快慢和恢复期长短而定。若有延迟死亡迹象，可考虑延长观察时间。计算 LD_{50} 值。

四、实验报告

仔细观察实验现象，详细记录实验数据（表 4-2），计算 LD_{50} 值并完成实验报告。

表 4-2　急性经皮毒性实验结果

实验组：　　　　　　　　　　　　　　　　　　　　　　　　　　　　实验日期：

大鼠性别	组别	剂量/(mg/kg)	大鼠数/只	体重(X±SD)/g			死亡数/只	死亡率/%	LD_{50} 及 95%置信限/(mg/kg)
				0d	7d	14d			

实验三　急性吸入毒性实验

一、实验目的

掌握急性、亚急性、慢性等吸入毒性实验的一般实验方法，初步了解农药的安全评价和制定相应防护措施的依据。

二、实验材料

仪器设备：染毒柜、吸管、容量瓶、烧杯、动物体重秤。

供试药剂：待测农药制剂、原药或纯品。

实验对象：健康成年小鼠（18～22g），雌雄各半。同性别各剂量组个体间体重相差不得超过平均体重的20%。实验前小鼠要在实验环境中至少适应3d时间。

三、实验方法

1. 剂量设定

设4～5个剂量组，每组小鼠一般为10只，雌雄各半。各剂量组间距以兼顾产生毒性大小不同和死亡为宜，通常以较大组距和较少量小鼠进行预试。如果受试样品毒性很低，也可采用最大限量法，即用20只小鼠（雌雄各半），一般情况下，2000mg/m^{3}吸入4h，如未引起小鼠死亡，则不再进行多个剂量的急性吸入毒性实验。需要时也可做5000mg/m^{3}或更高浓度吸入4h，或以最大可能发生的浓度进行实验。

2. 染毒方法

（1）静式染毒法　静式染毒是将实验小鼠放在一定体积的密闭容器（染毒柜）内，加入一定量的受试样品，并使其挥发，造成实验需要的受试样品浓度的空气，一次吸入性染毒2h或4h。染毒柜的容积以每只染毒小鼠每小时不少于3L空气计，每只大鼠每小时不少于30L计。

染毒浓度的计算：染毒浓度一般应采用实际测定浓度。在染毒期间一般可测4～5次，求其平均浓度。在无适当测试方法时，可用式（4-1）计算染毒浓度：

$$c=\frac{ad\times10^6}{V} \tag{4-1}$$

式中　c——染毒浓度，mg/m^3；

a——加入受试样品的量，mL；

d——化学品相对密度；

V——染毒柜容积，L。

（2）动式染毒法

① 动式染毒是采用机械通风装置，连续不断地将含有一定浓度受试样品的空气均匀不断地送入染毒柜，空气交换量为 12～15 次/h，并排出等量的染毒气体，维持相对稳定的染毒浓度（对通过染毒柜的流动气体应不间断地进行监测，并至少记录 2 次）。一次吸入性染毒 2h。当受试化合物需要特殊要求时，应用其他的气流速率。染毒时，染毒柜内应确保至少有 19％的氧含量和均衡分配的染毒气体。一般情况下，为确保染毒柜内空气稳定，实验小鼠的体积不应超过染毒柜体积的 5％。且染毒柜内应维持微弱的负压，以防受试样品泄露污染周围环境。同时，应注意防止受试样品爆炸。

② 受试样品气化（雾化）。气体受试样品，经流量统计与空气混合成一定浓度后，直接输入染毒柜；易挥发液体受试样品，通过空气鼓泡或适当加热促使挥发后输入染毒柜；若受试样品现场使用采取喷雾法时，可采用喷雾器或超声雾化器使其雾化为气溶胶后输入染毒柜。

③ 染毒浓度计算。染毒浓度一般应采用小鼠呼吸的实际测定浓度，至少每半小时一次，取其平均值。各测定浓度值应在其平均值的 25％以内。若无适当的测试方法，也可采用式（4-2）计算染毒浓度：

$$c=\frac{ad\times10^6}{V_1+V_2} \tag{4-2}$$

式中　c——染毒浓度，mg/m^3；

a——气化或雾化受试样品的量，mL；

d——受试样品相对密度；

V_1——输入染毒柜风量，L；

V_2——染毒柜容积，L。

3. 观察期限及指标

（1）观察并记录染毒过程和观察期内的小鼠中毒和死亡情况。观察期限一般为 14d。

（2）对死亡小鼠进行尸检。观察期结束后，处死存活小鼠并进行大体解剖，必要时，进行病理组织学检查。

4. LC_{50} 的计算

统计分析方法可采用寇氏法、直线内插法或概率单位图解法，从而计算 14d 的 LC_{50}

值，也可采用数据统计软件进行分析和计算。

四、实验报告

仔细观察实验现象，详细记录实验数据（表4-3），计算 LC_{50} 值并完成实验报告。

表4-3 急性吸入毒性实验结果

实验组：　　　　　　　　　　　　　　　　　　　　实验日期：

小鼠性别	组别	剂量/(mg/L)	小鼠数/只	体重(X±SD)/g			死亡数/只	死亡率/%	LC_{50} 及95%置信限/(mg/L)
				0d	7d	14d			

实验四　蜜蜂急性毒性实验

一、实验目的

熟悉和掌握蜜蜂急性毒性实验的设计、操作步骤，以及实验结果的计算、分析和报告等全过程。

二、实验材料

仪器设备：实验蜂笼、电子天平、人工气候室、微量点滴仪、饲喂器等。

供试药剂：待测农药制剂、原药或纯品。难溶于水的可用少量对蜜蜂毒性小的有机溶剂、乳化剂或分散剂助溶。

实验对象：意大利成年工蜂。

实验条件：实验在温度（25±2)℃、相对湿度50%～70%、黑暗条件下进行。

三、实验方法

1. 预实验

按正式实验的条件，以较大间距设置4～5个剂量组，通过预实验求出实验用蜂最高全存活剂量与最低全致死剂量。

2. 正式实验

根据预实验确定的浓度范围按一定比例间距（几何极差应控制在2.2倍以内）设置5～7个剂量组，每组至少需10只蜜蜂，并设空白对照组，使用有机溶剂助溶的还需设置溶剂对照组。将贮蜂笼内的蜜蜂引入实验笼中，然后在饲喂器（如离心管、注射器等）中加入100～200μL含有不同浓度供试物的50%（质量浓度）蔗糖水溶液，并对每组药液的消耗量进行测定。一旦药液消耗完（通常需要3～4h），将食物容器取出，换用不含供试物的蔗糖水进行饲喂（不限量）。对照组及各处理组均设3个重复。

注意事项：对于一些供试物，在较高实验剂量下，蜜蜂拒接进食，从而导致食物消耗很少或几乎没有消耗的，最多延长至6h，并对食物的消耗量进行测定（即测定该处理的食物残存的体积或质量）。

3. 观察记录

处理 24h、48h 后的中毒症状和死亡数。在对照组的死亡率 10%的情况下，若处理 24h 和 48h 后的死亡率差异达到 10%以上时，还需将观察时间最多延长至 96h。

4. 限度实验

设置有效成分上限剂量 100μg/蜂，即在供试物有效成分达 100μg/蜂时仍未见蜜蜂死亡，则无需继续实验。如供试物有效成分溶解度小于 100μg/蜂，则采用最大溶解度作为上限浓度。

5. 统计分析方法

采用寇氏法、直线内插法或概率单位图解法计算 24h 和 48h 的蜜蜂经口毒性和接触毒性的 LD_{50} 值，也可采用数据统计软件进行分析和计算。

四、实验报告

1. 仔细观察实验现象，详细记录实验数据（表 4-4），计算 LD_{50} 值。
2. 根据 LD_{50} 值划分农药对蜜蜂的毒性等级（参照表 4-5）。
3. 完成实验报告。

表 4-4　蜜蜂急性毒性实验结果

实验组：　　　　　　　　　　　　　　　　　　　　　　　　实验日期：

组别	剂量/(mg/kg)	蜜蜂数/只	死亡数/只		死亡率/%		LD_{50} 及95%置信限/(mg/kg)
			24h	48h	24h	48h	

表 4-5　农药对蜜蜂的毒性等级

毒性等级	LD_{50}(48h)/[μg(a. i.)/蜂]
剧毒	$LD_{50}\leqslant 0.001$
高毒	$0.001 < LD_{50} \leqslant 2.0$
中毒	$2.0 < LD_{50} \leqslant 11.0$
低毒	$LD_{50} > 11.0$

实验五　家蚕急性毒性实验

一、实验目的

熟悉和掌握家蚕急性毒性实验的设计、操作步骤，以及实验结果的计算、分析等。初步了解农药对家蚕急性毒性大小的判定依据。

二、实验材料

仪器设备：人工气候室、电子天平、培养皿、熏蒸箱等。

供试药剂：待测农药纯品、原药或制剂。难溶于水的可用少量对家蚕毒性小的有机溶剂、乳化剂或分散剂助溶，其用量不得超过 0.1mL(g)/L。

实验对象：家蚕品种选用菁松×皓月，春蕾×镇珠或苏菊×明虎。以二龄起蚕为毒性实验材料。

实验条件：起蚕饲养和实验温度为（25±2)℃，相对湿度为 70%～85%。

三、实验方法

1. 预实验

按正式实验的条件，以较大的间距设置 3～5 个浓度组，通过预实验求出家蚕最高全存活浓度和最低全致死浓度。

2. 正式实验

根据预实验确定的浓度范围按一定比例间距（几何极差应控制在 2.2 倍以内）设置 5～7 个浓度组，每组 20 头蚕，并设空白对照，加溶剂助溶的还需设溶剂对照。对照组和每一浓度组均设 3 个重复。在培养皿内饲养二龄起蚕，用不同浓度和药液完全浸渍桑叶 10 s，晾干后供蚕食用。整个实验期间饲喂处理桑叶，观察并记录 24h、48h、72h 和 96h 实验用家蚕的中毒症状及死亡情况。实验结束后对数据进行数理统计，计算 LC_{50} 值及 95%置信限。若供试物为昆虫生长调节剂，且实验 72～96h 之间家蚕的死亡率增加 10%以上，应延长观察时间，直至 24h 内死亡率增加小于 10%。

3. 限度实验

设置有效成分上限浓度 2000mg/L，即在供试物有效成分达 2000mg/L 时仍未见家蚕死亡，则无需继续进行实验。若供试验物有效成分溶解度小于2000mg/L，则采用其大溶解度作为上限浓度。

4. 统计分析方法

采用寇氏法、直线内插法或概率单位图解法计算24h、48h、72h和96h的LC_{50}值，也可采用数据统计软件进行分析和计算。

四、实验报告

1. 仔细观察实验现象，详细记录实验数据（表4-6），计算LC_{50}值。
2. 根据LC_{50}值划分农药对家蚕的毒性等级（参照表4-7）。
3. 完成实验报告。

表4-6　家蚕急性毒性实验结果

实验组：　　　　　　　　　　　　　　　　　　　　实验日期：

组别	剂量/(mg/L)	家蚕数/只	死亡数/只				LC_{50}及95%置信限/(mg/L)
			24h	48h	72h	96h	

表4-7　农药对家蚕急性毒性等级

毒性等级	LC_{50}(96h)/[mg(a.i.)/L]
剧毒	$LC_{50} \leqslant 0.5$
高毒	$0.5 < LC_{50} \leqslant 20$
中毒	$20 < LC_{50} \leqslant 200$
低毒	$LC_{50} > 200$

实验六　斑马鱼急性毒性实验

一、实验目的

熟悉和掌握斑马鱼等鱼类急性毒性实验的操作方法，初步了解农药对鱼类急性毒性大小的判定依据。

二、实验材料

仪器设备：溶解氧测定仪、电子天平、温度计、酸度计、满足最大承载量的玻璃容器、量筒等。

供试药剂：待测农药纯品、原药或制剂。对难溶于水的农药，可用少量对鱼低毒的有机溶剂、乳化剂或分散剂助溶，其用量不得超过 0.1mL(g)/L。

实验对象：斑马鱼。

三、实验方法

1. 实验材料准备

实验用水为存放并去氯处理 24h 以上的自来水（必要时活性炭处理）或能注明配方的稀释水。水质硬度在 10～250mg/L 之间（以 $CaCO_3$ 计），pH 在 6.0～8.5 之间，溶解氧不低于空气饱和值的 60%。实验用斑马鱼应健康无病、大小一致。实验前应在与实验时相同的环境条件下预养 7～14d，预养期间每天喂食 1～2 次，每日光照 12～16h，及时清除粪便及食物残渣。实验前 24h 停止喂食。

2. 预实验

按正式实验的条件，以较大的间距设若干组浓度。每处理至少用斑马鱼 5 尾，可不设重复，观察并记录斑马鱼 96h（或 48h）的中毒症状和死亡情况。通过预实验求出斑马鱼的最高全存活浓度及最低全致死浓度，在此范围内设置正式实验的浓度。

3. 正式实验

在预实验确定的浓度范围内按一定比例间距（几何极差应控制在 2.2 倍以内）设置 5～7 个浓度组，并设一个空白对照组，若使用溶剂助溶应增设溶剂对照组，每组至少放入 7 尾斑马鱼，可不设重复，并保证各组使用鱼数相同，实验开始后 6h 内随时观察并记录斑马鱼的中毒症状及死亡数，其后于 24h、48h、72h 和 96h 观察并记录斑马鱼的中毒症状及死亡数，当用玻璃棒轻触鱼尾部，无可见运动即为死亡，并及时清除死鱼。每天测定并记录实验药液温度、pH 及溶解氧情况。

注意事项：按农药的特性选择静态实验法、半静态实验法或流水式实验法。如使用静态实验法，应确保实验期间实验药液中供试物浓度不低于初始浓度的 80%。如果在流水式实验期间实验药液中供试物浓度发生超过 20%的偏离，则应检测实验药液中供试物的实际浓度并以此计算结果，或使用流动实验法进行实验，以稳定实验药液中供试物浓度。

4. 限度实验

设置有效成分上限有效浓度 100mg/L，即斑马鱼在供试物有效成分浓度达 100mg/L 时未出现死亡，则无需继续实验。若供试物有效成分溶解度小于 100mg/L，则采用其最大溶解度作为上限浓度。

5. 统计分析方法

采用寇氏法、直线内插法或概率单位图解法计算 24h、48h、72h、96h 的鱼类急性毒性的 LC_{50} 值，也可采用数据统计软件进行分析和计算。

四、实验报告

1. 仔细观察实验现象，详细记录实验数据（表 4-8），计算 LC_{50} 值。
2. 根据 LC_{50} 值划分农药对斑马鱼的毒性等级（参照表 4-9）。
3. 完成实验报告。

表 4-8　斑马鱼急性毒性实验结果

实验组：　　　　　　　　　　　　　　　　实验日期：

组别	剂量/(mg/L)	斑马鱼数/只	死亡数/只				LC_{50} 及 95%置信限/(mg/L)
			24h	48h	72h	96h	

表 4-9　农药对鱼类的毒性等级划分

毒性等级	LC_{50}(96h)/[mg(a.i.)/L]
剧毒	$LC_{50} \leqslant 0.1$
高毒	$0.1 < LC_{50} \leqslant 1.0$
中毒	$1.0 < LC_{50} \leqslant 10$
低毒	$LC_{50} > 10$

实验七　溞类生长抑制实验

一、实验目的

掌握溞类生长抑制实验的操作步骤，以及实验结果的计算、分析等，初步了解农药对溞类生长抑制的情况。

二、实验材料

仪器设备：溶解氧测定仪、pH 计、水质硬度测定仪、电子天平、移液器、玻璃或其他化学惰性材料制成的容器等。

供试药剂：待测农药制剂、原药或纯品。对难溶于水的农药，可用少量对溞类低毒的有机溶剂助溶，有机溶剂用量一般不得超过 0.1mL(g)/L。

实验对象：大型溞。

三、实验方法

1. 预实验

实验水温 18～22℃，同一实验中，温度变化应控制在±1℃之内；光照周期（光暗比）为 16∶8h，或全黑暗条件（尤其对光不稳定的供试物）。实验期间实验容器中不应充气和调节 pH，不得喂食受试溞。按正式实验的条件，先将溞类暴露于较大范围浓度系列的实验药液中 48h，每一浓度放 5 只幼溞，可不设重复，以确定正式实验的浓度范围。

2. 正式实验

在预实验确定的浓度范围内按一定比例间距（几何极差应控制在 2.2 倍以内）设置至少 5 个浓度组，并设空白对照组，如使用溶剂助溶应设溶剂对照组。每个浓度和对照均设 4 个重复，每个重复至少 5 只实验用溞，承载量为每只溞不小于 2mL。如果实验浓度少于 5 个，应在报告中给予合理解释。实验开始后 24h、48h 定时观察、记录每个容器中实验用溞活动受抑制数和任何异常症状或表现。注意：实验操作及实验过程中溞不能离开水，转移时要用玻璃滴管。

3. 限度实验

设置有效成分上限浓度 100mg/L，即在供试物有效成分达 100mg/L 时受试溞抑制率不超过 10%，则无需继续实验。如供试物有效成分溶解度小于 100mg/L，则采用最大溶解度作为上限浓度。

4. 质量控制

(1) 对照组实验受抑制溞数不超过 10%；

(2) 实验过程中供试物浓度不低于初始浓度的 80%；

(3) 在 20℃条件下，参比物质铬酸钾对大型溞的 EC_{50} (24h) 应处于 0.6～2.1mg/L 之间；

(4) 实验结束时对照组和实验组的溶解氧浓度不小于 3.0mg/L。

5. 统计分析方法

采用寇氏法、直线内插法或概率单位图解法计算每一观察时间（24h、48h）的溞类半抑制浓度 EC_{50} 值，也可采用数据统计软件进行分析和计算。

四、实验报告

1. 仔细观察实验现象，详细记录实验数据（表 4-10），计算 EC_{50} 值。
2. 根据 EC_{50} 值划分农药对蜜蜂的毒性等级（参照表 4-11）。
3. 完成实验报告。

表 4-10 农药对溞类的生长抑制实验结果

实验组：　　　　　　　　　　　　　　　　　　实验日期：

时间	溞类平均生长率	对照	浓度 1	浓度 2	浓度 3	浓度 4	浓度 5
24h							
48h							

表 4-11 农药对溞类的毒性等级划分

毒性等级	EC_{50}(48h)/[mg(a.i.)/L]
剧毒	$EC_{50} \leqslant 0.1$
高毒	$0.1 < EC_{50} \leqslant 1.0$
中毒	$1.0 < EC_{50} \leqslant 10$
低毒	$EC_{50} > 10$

实验八　藻类生长抑制实验

一、实验目的

掌握藻类生长抑制实验的操作方法，了解农药对藻类生长抑制情况的毒性分级依据。

二、实验材料

仪器设备：酸度计、血球计数板、分光光度计、显微镜、人工气候箱、高压蒸汽灭菌锅、电子天平、无菌操作台、玻璃器皿等。

供试药剂：待测农药制剂、原药或纯品。对难溶于水的农药，可用少量对藻毒性小的有机溶剂、乳化剂或分散剂助溶，用量不得超过0.1mL(g)/L。

实验对象：小球藻或斜生栅列藻。

三、实验方法

1. 培养基

推荐选择水生4号培养基（硫酸铵2.00g，氯化钾0.25g，过磷酸钙饱和液10.0mL，三氯化铁1%溶液1.50mL，硫酸镁0.80g，土壤提取液[1] 5.00mL，$NaHCO_3$ 1.00g）。

2. 实验条件

实验环境温度21～24℃（单次实验温度控制在±2℃）；连续均匀光照，光照差异应保持在±15%范围内，光强4440～8880lx。

3. 实验用藻的预培养

按无菌操作法将实验用藻接种到装有培养基的锥形瓶内，实验条件下培养。每隔96h接种一次，反复接种2～3次，使藻基本达到同步生长阶段，以此作为实验用藻。每次接种时在显微镜下观察，检查藻种的生长情况。

4. 预实验

按正式实验的条件，以较大的间距设置若干组浓度，求出供试物使实验用藻生长受

[1] 取未施过肥的花园土200g置于烧杯或锥形瓶中，加入蒸馏水1L，瓶口用透气塞封口，在水浴中沸水加热3h，冷却，沉淀24h，此过程连续进行3次，然后过滤，取上清液，于高压灭菌锅中灭菌后于4℃冰箱中保存备用。

抑制的最低浓度和不受抑制的最高浓度，在此范围内设置正式实验的浓度。

5. 正式实验

在预实验确定的浓度范围内以一定比例间距（几何极差应控制在 3.2 倍以内）设置 5～7 个浓度组，并设一个空白对照组，使用助溶剂的还应增设对照组，每个浓度组设 3 个重复。实验观察期为 72h，每隔 24h 取样，在显微镜下用血球计数板准确计数藻细胞，或用分光光度计直接测定藻的吸光率。用血球计数板计数时，同一样品至少计数两次，如计数结果相差大于 15%，应予重复计数。依据实验物质性质选择合适的计数方法。

6. 限度实验

设置有效成分上限浓度为 100mg/L，即在供试物有效成分达 100mg/L 时，未对藻生产影响。若供试物有效成分溶解度小于 100mg/L，则采用其溶解度上限作为实验浓度。对照组和处理组至少设置 6 个重复，并且对浓度组和对照组进行差异显著性分析（比如 t 检验）。

7. 质量控制

（1）实验生物应是处于对数生长期的纯种藻类；

（2）对照组和各浓度组的实验温度、光照等环境条件应按要求完全一致；

（3）实验起始普通小球藻应控制在 1.0×10^4～2.0×10^4 个/mL，斜生栅列藻浓度应控制在 2.0×10^3～5.0×10^3 个/mL；

（4）实验开始后 72h 内，对照组藻细胞浓度应至少增加 16 倍。

8. 数据处理

（1）生物量增长的抑制率　处理藻类生物量增长的抑制率按式（4-3）计算：

$$I_y=\frac{Y_c-Y_t}{Y_c}\times100\% \tag{4-3}$$

式中　I_y——处理组生物量增长的抑制百分率，%；

Y_c——空白对照组测定的藻类单位生物量，用细胞数表示时单位为个/mL；

Y_t——处理组测定的藻类单位生物量，用细胞数表示时单位为个/mL。

（2）生长率的抑制率　处理组藻类生长率的抑制率按式（4-4）计算：

$$I_r=\frac{\mu_c-\mu_t}{\mu_c}\times100\% \tag{4-4}$$

式中　I_r——处理组藻类生长率的抑制百分率，%；

μ_c——空白对照组生长率的平均值；

μ_t——处理组生长率平均值。

其中 μ 按式（4-5）计算：

$$\mu_{j-i}=\frac{\ln X_j-\ln X_i}{t_j-t_i}\times 100 \tag{4-5}$$

式中　μ_{j-i}——时间点 i 到时间点 j 之间的平均生长率；

X_i——在时间点 i 时的藻类单位生物量，用细胞数表示时单位为个/mL；

X_j——在时间点 j 时的藻类单位生物量，用细胞数表示时单位为个/mL。

（3）半效应浓度　按藻类生物量增长的抑制率和藻类生长率的抑制率分别计算半效应浓度 E_yC_{50} 和 E_rC_{50}。采用寇氏法、直线内插法或概率单位图解法计算得到每一观察时间（24h、48h、72h）的半效应浓度和95%置信限。

四、实验报告

1. 仔细观察实验现象，详细记录实验数据（表4-12），计算 EC_{50} 值。
2. 根据 EC_{50} 值划分农药对藻类的毒性等级（参照表4-13）。
3. 完成实验报告。

表 4-12　农药对藻类的生长抑制实验结果

实验组：　　　　　　　　　　　　　　　　　　　　实验日期：

时间	对照	浓度1	浓度2	浓度3	浓度4	浓度5	藻类平均生长率
24h							
48h							
72h							

表 4-13　农药对藻类的毒性等级划分

毒性等级	EC_{50}(72h)/[mg(a. i.)/L]
高毒	$EC_{50}\leqslant 0.3$
中毒	$0.3 < EC_{50}\leqslant 3.0$
低毒	$EC_{50} > 3.0$

实验九　蚯蚓急性毒性实验

一、实验目的

熟悉蚯蚓的饲养方法，掌握蚯蚓急性实验的设计和操作。

二、实验材料

仪器设备：平底玻璃管（3cm×8cm）、光强 400～800lx 的温控培养箱、中性滤纸、移液器、塑料薄膜、烘箱、电吹风。

供试药剂：待测农药制剂、原药或纯品。难溶于水的可用少量对蚯蚓毒性小的有机溶剂助溶，有机溶剂用量一般不得超过 0.1mL(g)/L。

实验对象：选择赤子爱胜蚯蚓成蚓进行实验，体重在 0.30～0.60g 之间。

三、实验方法

1. 预实验

按正式实验的条件，以较大的间距设若干组浓度，求出供试物对蚯蚓全致死的最低浓度和全存活的最高浓度，在此范围内设置正式实验的浓度。

2. 正式实验

在预实验确定的浓度范围内按一定极差设置 5～7 个浓度组，并设一个空白对照组，使用助溶剂的还应增设溶剂对照组，并设一组不加农药的空白对照组，每个浓度组均设 3 个重复。在标本瓶中放 500g 土（标本瓶中土壤厚度不低于 8cm），加入农药溶液后充分拌匀（如用有机溶剂助溶时，需将有机溶剂挥发净），加适量蒸馏水调节土壤含水量，使水分占土壤干重的 30%～35%。每个处理放入蚯蚓 10 条，用纱布扎好瓶口，将标本瓶置于（20±2）℃、湿度 70%～90%、光照强度 400～800lx 的培养箱中。

3. 观察记录

实验历时两周，于第 7d 和第 14d 倒出瓶内土壤，观察记录蚯蚓的中毒症状和死亡数（用针轻触蚯蚓尾部，蚯蚓无反应则为死亡），及时清除死蚯蚓。

4. 统计分析方法

根据蚯蚓 7d 和 14d 的死亡率，采用寇氏法、直线内插法或概率单位图解法计算 7d

和 14d 的 LC_{50} 值及 95%置信限，也可采用数据统计软件进行分析和计算。

5. 质量控制

空白对照组死亡率不超过 10%。

四、实验报告

1. 仔细观察实验现象，详细记录实验数据（表 4-14），计算 LC_{50} 值。
2. 根据 LC_{50} 值划分农药对蚯蚓的毒性等级（参照表 4-15）。
3. 完成实验报告。

表 4-14　蚯蚓急性毒性实验结果

实验组：　　　　　　　　　　　　　　　　　　　　　　实验日期：

组别	剂量/(mg/L)	蚯蚓数/只	死亡数/只		死亡率/%		LC_{50} 及 95%置信区间/(mg/L)
			7d	14d	7d	14d	

表 4-15　农药对蚯蚓急性毒性等级

毒性等级	LC_{50}(14d)/[mg(a. i.)/L 干土]
剧毒	$LC_{50} \leqslant 0.1$
高毒	$0.1 < LC_{50} \leqslant 1.0$
中毒	$1.0 < LC_{50} \leqslant 10$
低毒	$LC_{50} > 10$

实验十　秀丽隐杆线虫急性毒性实验

一、实验目的

学习秀丽隐杆线虫的饲养和操作方法，掌握秀丽隐杆线虫毒性测试的一般方法。

二、实验材料

仪器设备：无菌操作台、万分之一天平、体视显微镜或解剖镜、生化培养箱、快速离心机、涡旋振荡器。

供试药剂：待测农药纯品、原药或制剂。难溶于水的可用少量对秀丽隐杆线虫毒性小的有机溶剂、乳化剂或分散剂助溶，其用量控制在≤0.1％。

实验对象：秀丽隐杆线虫。

三、实验方法

1. 秀丽隐杆线虫的固体染毒

将供试药剂用K液[1]溶解，配制成不同浓度的母液，如果药剂难溶于水可用DMSO等溶剂助溶；4℃避光保存。使用时用K液将上述母液分别进行梯度稀释，DMSO最终浓度不超过0.1%。实验采用L4成虫暴露12h、24h的急性暴露方法。用挑虫针挑取10个L4线虫置于6cm的NGM培养皿上［培养基预先加入了不同浓度的供试药剂，使其终浓度达到供试浓度，制成带毒平板并涂有尿嘧啶缺陷型大肠杆菌（OP50）］，每个浓度做三个培养皿。于20℃恒温避光培养12h、24h。

2. 秀丽隐杆线虫的液体染毒

采用M9缓冲液将同步化并培养至L4的秀丽隐杆线虫从培养基上冲下，清洗，并稀释至每100μL含有10条秀丽隐杆线虫；然后向无菌96孔板中的每一孔中加入100μL该虫液，在体式显微镜下观察每一孔中的秀丽隐杆线虫存活数目，记为N_0。染毒浓度依据各组浓度梯度（包括2个空白）、每个浓度梯度设定4个平行。将配制好的毒物浓度梯度加入到无菌96孔板中、每孔100μL，从而形成200μL的染毒体系。染毒12h和24h后，再次使用体式显微镜观察96孔板每一孔中的秀丽隐杆线虫存活数目，记为N_1。

[1] K液：0.6g KCl和0.75g NaCl用蒸馏水溶解，定容至250mL作为母液。

$$死亡率(\%)=\frac{N_0-N_1}{N_0}\times 100\% \qquad (4\text{-}6)$$

死亡的评判标准为：秀丽隐杆线虫身体僵直且保持 10s 不动。

3. LC_{50} 的计算

统计分析方法可采用寇氏法、直线内插法或概率单位图解法，从而计算 12h 和 24h 的 LC_{50} 值，也可采用数据统计软件进行分析和计算。

四、实验报告

仔细观察实验现象，详细记录实验数据（表 4-16），计算 LC_{50} 值并完成实验报告。

表 4-16　秀丽隐杆线虫急性毒性实验结果

实验组：　　　　　　　　　　　　　　　　　　　　实验日期：

组别	剂量/(mg/L)	线虫数/只	死亡数/只		死亡率/%		LC_{50} 及 95%置信区间(mg/L)
			12h	24h	12h	24h	

实验十一　土壤微生物毒性实验——CO_2 吸收法

一、实验目的

学习 CO_2 吸收法，掌握土壤微生物毒性实验的操作方法，了解农药对土壤微生物毒性大小的判定依据。

二、实验材料

仪器设备：搅拌器、培养箱、振荡器、离心器、滴定仪、硝酸盐测定仪、标本瓶及其他玻璃器皿等。

供试药剂：待测农药制剂、原药或纯品。

实验对象：选用 3 种具有代表性的、理化性质各异的土壤，实验前先去除土壤中的粗大物块（如石块、植物残体等），然后过 0.85mm 筛。

三、实验方法

1. 处理、对照的设置

土壤样品的培养条件为（25±1)℃，黑暗。实验过程中，保持土壤样品含水量在田间最大持水量的 40%～60%之间，变化范围为±5%。如有需要，可添加蒸馏水和去离子水进行调节。每种土壤设 3 种不同浓度处理，以模拟农药常用量（推荐的最大用量）、10 倍量、100 倍量时土壤表层 10cm 土壤中的农药含量（计算时假设土壤容重为 $1.5g/cm^3$），同时设置一组空白对照，每组至少设置 3 个重复。

2. 受试物质的制备

水溶性供试物一般用水溶解制备，避免使用水以外的其他液体，如丙酮、三氯甲烷等有机溶剂，以防止破坏微生物菌群。对于难溶物质，可先用合适的溶剂溶解或悬浮，然后包埋石英砂（粒径：0.1～0.5mm）等惰性固体，最后等溶剂完全挥发后再将石英砂与土壤混合。为使供试物在土壤中达到一个最佳的分布状态，建议每千克干重土壤加入砂 10g。对照组的土壤样品用等量的水或砂进行处理。混合时，应确保处理组中的供试物在土壤样品中均匀分布，同时要避免土壤压紧或结块。

3. 土壤样品的培养

将混合后的土壤装于小烧杯中，与另一个装有标准碱液的小烧杯一起置于密闭瓶中，于（25±1）℃、黑暗条件下培养。实验过程中，保持土壤样品含水量在田间最大持水量的40%～60%之间，变化范围为±5%。如有需要，可添加蒸馏水或去离子水进行调节。

4. 样品的采集和分析

实验开始后的第1d、2d、4d、7d、11d、15d时更换出密闭瓶中的碱液，用滴定法间接测定吸收的CO_2量。

5. 数据处理

记录每个平行滴定时消耗的酸的体积，求出所有平行的平均值，用统计学方法计算土壤样品释放出的CO_2量以及处理组相对于对照的影响率。

6. 质量控制

（1）各处理土壤中，供试物的加入量、供试物在土壤中的均匀度要保持一致。

（2）培养期间，各标本瓶要保持密闭。

（3）滴定操作时，对滴定终点的判断要准确一致。

四、实验报告

1. 仔细观察实验现象，详细记录土壤、试剂和实验过程数据，分析农药对土壤CO_2释放的影响。

2. 划分农药对土壤微生物的毒性等级（参照表4-17）。

3. 完成实验报告。

表4-17　农药对土壤微生物的毒性等级划分

毒性等级	参考指标
高毒	土壤中农药加量为常量，在15d内对土壤微生物呼吸强度抑制达50%
中毒	土壤中农药加量为常量10倍，能达到上述抑制水平的
低毒	土壤中农药加量为常量100倍，能达到上述抑制水平的；若三种处理均达不到上述抑制水平，则同样划分为低毒

第五章

农药生物测定技术

第一节 杀虫剂生物测定技术

实验一 杀虫剂触杀作用——喷雾法

一、实验目的

学习使用喷雾法测定杀虫剂生物活性的实验方法，学会根据药剂对供试昆虫的致死作用筛选药剂，并比较药剂的毒力大小。

二、实验原理

将一定浓度（或者剂量）的药剂通过喷雾与供试昆虫均匀接触，使虫体充分接触药剂而发挥触杀作用，通过昆虫的死亡率来比较药剂对供试昆虫毒力的大小。

三、实验材料

仪器设备：Potter 喷雾塔、恒温培养箱或者恒温培养室以及其他实验室常规仪器设备。

供试昆虫：东方黏虫（*Mythimna separata* Walker）、斜纹夜蛾（*Spodoptera litura* Fabricius）、小菜蛾（*Plutella xylostella* Linnaeus）等昆虫幼虫。

供试药剂：高效氯氰菊酯原药（97%）、丙酮、吐温-80。

四、实验方法

1. 昆虫准备

选取室内连续饲养、生理状态一致的标准试虫。

2. 药剂配制

用万分之一的电子天平称取一定质量的高效氯氰菊酯原药，用丙酮溶解后加入 5‰ 吐温-80 水溶液配制成 5%药液。用移液枪吸取一定量的制剂，加蒸馏水配制成 10μg/mL、2.5μg/mL、0.625μg/mL、0.156μg/mL、0.039μg/mL，空白对照以相同的溶剂、吐温-80 和蒸馏水处理。

3. Potter 喷雾塔准备

将 Potter 喷雾塔的喷雾压力稳定在 1.47×10^6 Pa，喷雾头先用丙酮清洗 2 次，再用蒸馏水清洗 2 次。

4. 药剂处理

先用毛笔选取生理状态一致的试虫不少于 10 头放入培养皿中，再将培养皿放入 Potter 喷雾塔底盘进行定量喷雾，喷雾量为 1mL，药剂沉降 1min 后取出试虫，进行饲养。

每个处理不少于 4 次重复，并设不含药剂（含所有溶剂和乳化剂）的处理作为空白对照。

5. 饲养与观察

处理后的试虫置于温度为（25±1）℃、相对湿度为 60%～80%、光照光周期为 L∶D＝16h∶8h 条件下的饲养盒观察。特殊条件下可以适当调整实验环境条件。

6. 结果检查

处理后 48h 检查试虫死亡情况，用毛笔轻触幼虫无反应则视为死亡，分别记录总虫数和死亡数。根据不同的实验要求和药剂特点，可以适当减少或者延长检查时间。

7. 数据统计与分析

根据检查数据，计算各个处理的死亡率［式（5-1）］或校正死亡率［式（5-2）］，计算结果保留至小数点后 2 位。

$$死亡率(\%)=\frac{试虫总数-药后活虫数}{试虫总数}\times 100\% \tag{5-1}$$

$$校正死亡率(\%)=\frac{药剂处理死亡率-对照死亡率}{1-对照死亡率}\times 100\% \tag{5-2}$$

对数据进行统计分析。可选用 DPS、SAS、SPSS 等统计分析软件分析，求出毒力回归线的 LC_{50} 值、95%置信限及相关系数或卡方值。

五、实验报告

绘制毒力曲线，求出 LC_{50} 值，根据统计结果进行评价分析，评价供试药剂对供试昆虫的活性。

实验二　杀虫剂触杀作用——点滴法

一、实验目的

学习使用点滴法测定触杀杀虫剂的室内毒力，学会根据药剂对昆虫的致死作用来计算药剂的毒力大小。

二、实验原理

将一定量的农药通过点滴的方法点滴到供试昆虫体壁的一定部位，药剂可通过体壁进入昆虫体内，最终导致试虫死亡。通过点滴法测定杀虫剂穿透表皮而引起昆虫致死的触杀毒力，根据昆虫的死亡率来测定药剂对供试昆虫触杀毒力的大小。

三、实验材料

仪器设备：电子天平（感量0.1mg）、微量点滴器、毛细管、滤纸、毛笔、直径为9cm的培养皿、烧杯、移液管或者移液器、镊子等。

供试昆虫：草地贪夜蛾（*Spodoptera frugiperda*）。

供试药剂：甲氨基阿维菌素苯甲酸盐（甲维盐）原药（98%）。

四、实验方法

1. 昆虫准备

选取室内连续饲养、生理状态一致的3龄或4龄幼虫。

2. 药剂配制

甲维盐原药用水稀释，配制成母液。按照等比或等差的方法配制成5～7个系列质量浓度，如0.1mg/L、0.2mg/L、0.5mg/L、1mg/L、2mg/L、5mg/L、10mg/L。

3. 微量点滴器准备

将微量点滴器或者毛细管点滴器清洗干净，调节点滴器至备用状态。

4. 药剂处理

先用毛笔选取龄期整齐一致的试虫（根据需要可采用CO_2或者乙醚麻醉）放入培养皿中备用。再将培养皿中试虫逐头进行点滴处理，用微量点滴器吸取药液，从低浓度到高浓度处理，点滴于虫体前胸背板上，每头点滴药液0.5μL。将点滴后的试虫分别转移到正常条件下饲养。每处理4次重复，每重复不少于10头试虫，并将不含药剂的相应溶剂的处理作为对照。

5. 结果检查

处理后24h检查试虫死亡情况，用毛笔轻触幼虫无反应或有明显的中毒症状（畸形、颤搐、停止取食等）则视为死亡，分别记录总虫数和死亡数。根据不同的实验要求和药剂特点，可以适当减少或者延长检查时间。

6. 数据统计与分析

根据检查数据，计算各个处理的死亡率或校正死亡率（计算公式参照实验一杀虫剂触杀作用——喷雾法），计算结果保留至小数点后2位。选用DPS、SAS、SPSS等统计分析软件求出毒力回归线的LC_{50}值、95%置信限及相关系数或卡方值。

五、实验报告

绘制毒力曲线，根据统计结果进行评价分析，评价供试药剂对供试昆虫的活性。

实验三　杀虫剂触杀作用——药膜法

一、实验目的

学习利用药膜法测定杀虫剂的毒力，学会根据药剂对昆虫的致死作用，计算药剂的毒力大小。

二、实验原理

将杀虫药剂，通过点滴、喷洒、浸沾等方法施于物体表面，形成均匀的药膜或药粉，然后让试虫爬行接触一段时间后，再转移到正常的环境条件下，在规定时间内通过昆虫的死亡率来测定药剂对供试昆虫毒力的大小。

三、实验材料

仪器设备：直径 9cm 的定性滤纸、直径为 9cm 的培养皿、恒温培养箱或者恒温养虫室、毛笔、镊子等。

供试昆虫：赤拟谷盗（*Tribolium castaneum* Herbst）。

供试药剂：甲氨基阿维菌素苯甲酸盐原药（98%）、丙酮。

四、实验方法

1. 昆虫准备

选取室内连续饲养、生理状态一致的成虫。

2. 药剂配制

原药用丙酮稀释，配成母液。按照等比或等差的方法配制成 5～7 个系列质量浓度，如 0.1mg/L、0.2mg/L、0.5mg/L、1mg/L、2mg/L、5mg/L、10mg/L。

3. 药膜制作

准备直径 9cm 的培养皿，取直径 9cm 定性滤纸置于皿底，分别吸取配制好的药液 1mL 均匀地滴加在滤纸上，待溶剂挥发制成药膜，放置 24h 后备用。

4. 处理方法

用毛笔选取生理状态一致的试虫至少 10 头，移入垫有滤纸药膜的培养皿中，待其在药膜上爬行 1h 后（根据不同的试虫和药剂特点，可以适当减少或者延长爬行时间），将试虫转移到放有清洁饲料的干净培养皿中饲养。每处理 4 次重复，每重复不少于 10 头试虫，并将不含药剂（含有机溶剂）的处理作为对照。

处理后的试虫置于温度为（25±1)℃、相对湿度为 60%～80%、光照光周期为 L∶D=16h∶8h 条件下的饲养盒观察。特殊条件下的可以适当调整实验环境条件。

5. 结果检查

处理后 48h 检查试虫死亡情况，用毛笔轻触幼虫无反应则视为死亡，分别记录总虫数和死亡数。根据不同的实验要求和药剂特点，可以适当减少或者延长检查时间。

根据检查数据，计算各个处理的死亡率或校正死亡率（计算公式参照实验一杀虫剂触杀作用——喷雾法），计算结果保留至小数点后 2 位。

五、实验报告

绘制毒力曲线，根据统计结果进行评价分析，评价供试药剂对供试昆虫的活性。

实验四 杀虫剂胃毒作用——叶片夹毒法

一、实验目的

学习利用叶片夹毒法测定杀虫剂的胃毒作用，并根据药剂对昆虫的致死作用，计算药剂的毒力大小。

二、实验原理

在两片叶碟中间均匀地加入一定量的杀虫剂，将含有不同浓度的药剂的叶碟供昆虫取食，然后由被取食的叶片面积，计算出昆虫取食的药量。通过昆虫的死亡率来测定药剂对供试昆虫胃毒毒力的大小。

三、实验材料

仪器设备：电子天平（感量 0.1mg）、打孔器、毛细管点滴器、12 孔组织培养板、直径为 9cm 的培养皿、烧杯、移液管或者移液器、毛笔、镊子等。

供试昆虫：小菜蛾（*Plutella xylostella* Linnaeus）。

供试药剂：氯虫苯甲酰胺（97%）。

四、实验方法

1. 昆虫准备

选取室内连续饲养、生理状态一致的 3 龄或者 4 龄幼虫。

2. 药剂配制

原药用有机溶剂（丙酮等）稀释，配制成母液。按照等比或等差的方法配制成 5～7 个系列质量浓度，如 0.01mg/L、0.05mg/L、0.1mg/L、0.2mg/L、0.5mg/L、1.0mg/L、5.0mg/L。

3. 夹毒叶片制作

用直径 1cm 的打孔器打取叶碟，放入培养皿，并注意保湿。用毛细管点滴器从低浓度开始，每叶碟点滴 2μL 药液，待溶剂挥发后和另一片涂有淀粉糊（或者面粉糊）的叶碟对合制成夹毒叶碟，制作完毕后放入 12 孔组织培养板的孔内。每处理 4 次重复，每重复不少于 12 个夹毒叶碟，并将不含药剂（含有机溶剂）的处理作为对照。

4. 药剂处理

组织培养板每个孔内接 1 头已经称重的试虫，置于温度为（25±1）℃、相对湿度为 60%～80%、光照光周期为 L∶D＝16h∶8h 条件下的饲养盒观察。接虫 2～4h 后，待试虫取食完含药叶碟后，在培养板中加入清洁饲料继续饲养至检查。

5. 结果检查

处理后 24h 检查试虫死亡情况，用毛笔轻触幼虫无反应则视为死亡，分别记录总虫数和死亡数。根据不同的实验要求和药剂特点，可以适当减少或者延长检查时间。

6. 数据统计与分析

（1）计算方法　根据检查数据，计算各个处理的试虫吞食药量和校正死亡率，计算结果均保留到小数点后 2 位。试虫吞食药量按式（5-3）计算：

$$V_1 = \frac{\rho \times V_2}{m} \times 10^3 \tag{5-3}$$

式中，V_1 为每克质量昆虫吞食药液量，μg/g；ρ 为处理药液的质量浓度，mg/L；V_2 为滴加药液体积，μL；m 为昆虫质量，g。

校正死亡率按照式（5-4）和式（5-5）计算，单位为百分率（%），计算结果保留至小数点后 2 位：

$$P_1 = \frac{K}{N} \times 100\% \tag{5-4}$$

式中，P_1 为死亡率，%；K 为死亡虫数，头；N 为处理总虫数，头。

$$P_2 = \frac{P_t - P_0}{1 - P_0} \times 100\% \tag{5-5}$$

式中，P_2 为校正死亡率，%；P_t 为处理死亡率，%；P_0 为空白对照死亡率，%。

若对照死亡率＜5%，无需校正；对照死亡率在 5%～20%之间，需要按照式（5-5）进行校正；对照死亡率＞20%，实验需要重新做。

（2）统计分析　采用概率值分析的方法对数据进行处理。可以用 SAS 统计分析系统、DPS 数据处理系统等软件进行统计分析，计算药剂的 LC_{50} 值、LC_{90} 值、标准误差以及 95%置信限。

五、实验报告

绘制毒力曲线，根据统计结果进行评价分析，评价供试药剂对供试昆虫的活性。

实验五　杀虫剂胃毒作用——人工饲料混药法

一、实验目的

学习利用人工饲料混药法测定杀虫剂胃毒作用，并根据药剂对昆虫的致死作用，计算药剂的毒力大小。

二、实验原理

将含有不同浓度药剂的人工饲料供昆虫取食，通过昆虫的死亡率来测定药剂对供试昆虫胃毒毒力的大小。

三、实验材料

仪器设备：高压灭菌锅、恒温水浴锅、12 孔组织培养板、恒温培养箱、毛笔、镊子等。

供试昆虫：亚洲玉米螟（*Ostrinia furnacalis* Guenée）。

供试药剂：氯氰菊酯原药（95%）、丙酮、吐温-80。

四、实验方法

1. 昆虫准备

选取室内连续饲养、生理状态一致的 3 龄幼虫。

2. 药剂配制

原药用丙酮溶解，配制成母液。用 5‰吐温-80 水溶液按照等比或等差的方法配制成 5～7 个系列质量浓度，如 0.1mg/L、0.5mg/L、1mg/L、2mg/L、5mg/L、10mg/L。

3. 玉米螟人工饲料准备

称取大豆粉 150g、玉米粉 150g、啤酒酵母粉 90g，充分混匀后放入托盘。取多维葡萄糖 75g、维生素 C 5g，加入 400g 水中，充分混匀后倒入托盘，搅匀，放置 2h 待用。随后称取玉米粉 40g，琼脂粉 20g 放入到 800mL 水中，加热至沸腾，搅拌，加入山梨酸 5g，继续搅拌 1～3min，先后加入甲醛 2mL、硫酸链霉素 0.5g，搅拌均匀，待冷却至

60～65℃，倒入托盘中。趁热搅拌均匀，4℃条件下贮存，待用。

4. 混药

将适量稀释好的药液均匀混入制作好的人工饲料中（有机溶剂在饲料中的含量不超过1%），趁热分别倒入12孔板冷却备用，或凝固后切成小块转入指形管中备用。

5. 接虫

每孔内接1头试虫，每处理3次重复，每重复20头虫，并将不含药剂（含有机溶剂）的处理作为对照。

处理后的试虫置于温度为（25±1）℃、相对湿度为60%～80%、光照光周期为L∶D=16h∶8h条件下的饲养盒观察。

6. 结果检查

处理后24h检查试虫死亡情况，用毛笔轻触幼虫无反应则视为死亡，分别记录总虫数和死亡数。根据不同的实验要求和药剂特点，可以适当减少或者延长检查时间。

7. 数据统计与分析

根据检查数据，计算各个处理的死亡率或校正死亡率（计算公式参照实验一杀虫剂触杀作用——喷雾法），计算结果保留至小数点后2位。

五、实验报告

绘制毒力曲线，根据统计结果进行评价分析，评价供试药剂对供试昆虫的活性。

实验六　杀虫剂内吸作用——根部内吸法

一、实验目的

学会利用根部内吸法测定杀虫剂内吸作用，并根据药剂对昆虫的致死作用，计算药剂的毒力大小。

二、实验原理

将植物根系在含有一定量杀虫剂的溶液中培养一段时间，利用植物的内吸作用使药剂从施药部位被吸收进入植物体，经输导运转，到达植物的茎叶等部位。用吸收了杀虫剂的茎叶等部位饲养昆虫，根据昆虫的死亡率来测定药剂对供试昆虫内吸毒力的大小。

三、实验材料

仪器设备：电子天平（感量 0.1mg）、滤纸、直径为 9cm 培养皿、量筒、水培瓶、烧杯、移液器、记号笔、台灯、大试管、毛笔、镊子等。

供试昆虫：水稻麦长管蚜（*Sitobion avenae* Fabricius）。

供试药剂：吡虫啉原药（97%）、丙酮、吐温-80。

四、实验方法

1. 昆虫准备

选取室内连续饲养、生理状态一致的 3 龄幼虫。

2. 药剂配制

原药用丙酮溶解，配制成母液。用 5‰吐温-80 水溶液按照等比或等差的方法配制成 5～7 个系列质量浓度，每种质量浓度药液不少于 50mL。

3. 寄主植物准备

选择带根健壮的水稻苗，将根部小心洗净、晾干。把水稻根部插入装有药液的烧杯中，给予光照及正常条件，保证植株根系正常生长。

4. 药剂处理

将持续处理 24h 后的植株从药液中取出，剪下植株茎部未接触药液部分置于培养皿中，保湿备用。每处理 4 次重复，每重复 20 头虫，并将不含药剂的处理作为对照。

5. 结果检查

处理后 24h 检查试虫死亡情况，分别记录总虫数和死亡数。根据不同的实验要求和药剂特点，可以适当减少或者延长检查时间。

6. 数据统计与分析

根据检查数据，计算各个处理的死亡率或校正死亡率（计算公式参照实验一杀虫剂触杀作用——喷雾法），计算结果保留至小数点后 2 位。

五、实验报告

绘制毒力曲线，根据统计结果进行评价分析，评价供试药剂对供试昆虫的活性。

实验七　杀虫剂熏蒸作用——二重皿熏蒸法

一、实验目的

学习利用二重皿熏蒸法测定杀虫剂熏蒸作用，并根据药剂对昆虫的致死作用，计算药剂的毒力大小。

二、实验原理

有毒的气体、液体或者固体挥发产生的蒸气从昆虫的气门进入气管，再分布到全身，然后到达神经作用部位对昆虫产生毒害作用导致其死亡。

三、实验材料

仪器设备：培养皿、干燥器、滤纸、量筒、烧杯、移液管或者移液器、毛笔、镊子、纱布等。

供试昆虫：赤拟谷盗（*Tribolium castaneum* Herbst）。

供试药剂：20%辣根素。

四、实验方法

1. 昆虫准备

选取室内连续饲养、生理状态一致的2龄或者3龄幼虫。

2. 药剂配制

采用系列浓度梯度法用水将药剂配制成5～7个系列质量浓度，每质量浓度药液不少于50mL。

3. 药剂处理

在培养皿底内加入5mL供试药液，皿口盖纱布1张，将试虫放在纱布上，再盖上相同口径的培养皿底，使其封闭对合。每处理 3 次重复，每重复 20 头虫，并将不含药剂的处理作为对照。

4. 结果检查

处理后 24h 检查试虫死亡情况，分别记录总虫数和死亡数。根据不同的实验要求和药剂特点，可以适当减少或者延长检查时间。

5. 数据统计与分析

根据检查数据，计算各个处理的死亡率或校正死亡率（计算公式参照实验一杀虫剂触杀作用——喷雾法），计算结果保留至小数点后 2 位。

五、实验报告

绘制毒力曲线，根据统计结果进行评价分析，评价供试药剂对供试昆虫的活性。

实验八　昆虫拒食活性——叶碟法

一、实验目的

学习利用叶碟法测定杀虫剂拒食作用，并根据昆虫对药剂的选择拒食作用，了解供试药剂的拒食作用强度。

二、实验原理

叶碟法是利用昆虫对不同植物叶碟的取食选择来测试昆虫据食活性的方法。基本原理是将含有一定量药剂的植物叶片和对照叶片放在培养皿内，根据供试昆虫的对照组和处理组的取食量，评估药剂对昆虫的拒食活性。

三、实验材料

仪器设备：电子天平（感量 0.1mg）、打孔器、毛细管点滴器、培养皿、烧杯、移液管或者移液器、毛笔、镊子等。

供试昆虫：棉铃虫（*Helicoverpa armigera* Hübner）。

供试药剂：印楝素原药（96.8%）。

四、实验方法

1. 昆虫准备

选取室内连续饲养、生理状态一致的 3 龄幼虫。

2. 药剂配制

原药用丙酮配制成母液。按照等比或者等差的方法，用 5‰吐温-80 水溶液配制成 5 个系列质量浓度，如 0.01mg/L、0.05mg/L、0.1mg/L、0.25mg/L、0.5mg/L。

3. 叶碟制作

用直径 1cm（可视昆虫食量而定）的打孔器打取叶碟，放入培养皿，并注意保湿。将叶碟在样品溶液中浸蘸 1～2s，取出后放在吸水纸上晾干，制成处理叶碟。

4. 昆虫处理

提前将待供试幼虫饥饿处理 5～12h。将叶碟放入一个直径 9cm 的培养皿内，然后在培养皿中放进一头已经饥饿处理的试虫。为防止叶碟干缩，可在培养皿底铺一层滤纸，滴加蒸馏水保湿，或者在培养皿上盖上湿纱布。每处理 4 次重复，每重复不少于 10 头虫，并将不含药剂（含有机溶剂）的处理作为对照。

选择性拒食作用测定：将 2 张处理叶碟和 2 张对照叶碟交错放入一个 9cm 直径的培养皿。

非选择拒食活性测定：将 4 片处理叶碟放在一个培养皿内，将对照叶碟放在另一培养皿内。

5. 结果检查

处理后 24h 检查试虫取食情况，用坐标纸法或者面积测定仪测量对照和处理的取食面积，并按式（5-6）、式（5-7）计算拒食率。根据不同的实验要求和药剂特点，可以适当减少或者延长检查时间。

6. 数据统计与分析

将残存叶片取出，用方格坐标蜡纸测定试虫取食面积，并按下式计算拒食率：

$$\text{非选择拒食率}(\%)=\frac{S_{ck}-S}{S_{ck}}\times 100\% \tag{5-6}$$

$$\text{选择性拒食率}(\%)=\frac{S_{ck}-S}{S_{ck}+S}\times 100\% \tag{5-7}$$

式中，S_{ck} 为对照叶碟的平均取食面积；S 为处理叶碟的平均取食面积。

选择性和非选择性拒食活性的测定方法各有优点。选择性往往比非选择性拒食敏感，试虫对同一样品，选择性拒食测得的拒食率往往比非选择性拒食测得的拒食率高，因而常用于大量样品的筛选，非选择性测定则更加接近实际，其结果在实际应用中更具参考价值。

采用概率值分析的方法对数据进行处理。可以用 SAS 统计分析系统、DPS 数据处理系统等软件进行统计分析，计算药剂的 AFC_{50} 值、标准误差以及 95%置信限。

五、实验报告

仔细观察实验现象，认真记录实验数据，统计供试昆虫的取食面积，计算拒食率、回归方程和 AFC_{50}（拒食中浓度）值，完成表 5-1、表 5-2。

表 5-1　对棉铃虫的拒食活性测定

处理/(mg/mL)	非选择性		选择性	
	取食面积/mm^2	拒食率/%	取食面积/mm^2	拒食率/%
0.5				
CK				
0.25				
CK				
0.1				
CK				
0.05				
CK				
0.01				
CK				

表 5-2　对棉铃虫的拒食活性统计

拒食作用	回归方程	相关系数 r	F 检验的统计量值	AFC_{50}/(mg/mL)	AFC_{50}标准误差	卡平方χ^2
非选择性						
选择性						

实验九 杀螨剂活性测定——浸渍法

一、实验目的

学习利用浸渍法测定杀螨剂触杀作用，并根据药剂对昆虫的触杀作用，了解供试药剂的触杀作用大小。

二、实验原理

将螨体统一粘贴在胶带上使其无法逃逸，然后将带螨玻片的一端浸入药液中，轻轻摇动使其受药均匀，药液经体壁进入螨虫体内使其中毒。

三、实验材料

仪器设备：体视显微镜、载玻片、具盖白瓷盘、双面胶、恒温培养箱或者恒温养虫室、小镊子、滤纸等。

供试昆虫：朱砂叶螨（*Tetranychus cinnabarinus* Boisduval）。

供试药剂：吡虫啉原药（97%）、丙酮、吐温-80。

四、实验方法

1. 昆虫准备

选取室内连续饲养、生理状态一致的雌成螨。

2. 药剂配制

原药用丙酮配制成母液。根据预备实验，按照等比或者等差的方法，用5‰吐温-80水溶液配制成5～7个系列质量浓度，如0.01mg/L、0.05mg/L、0.1mg/L、0.2mg/L、0.5mg/L、1mg/L、5mg/L。

3. 昆虫处理

先将双面胶带剪成2cm长，贴在载玻片的一端，选取健康的雌成螨，用小毛笔挑起雌成螨，将其背贴在粘胶上，注意螨足、触须及口器不要被粘着。每张玻片粘成螨30头。将上述贴有雌成螨的玻片，放在干净无毒的塑料盒（或培养皿）内，并垫上湿滤纸保湿，盖上盖，置室温（25±1）℃条件下培养。

经 2h 后用双目解剖镜检查每个雌螨。如有死亡个体应挑出弃去，重新粘上健康的雌螨。

4. 药剂处理

将粘有雌螨的玻片一端浸入待测的不同浓度的药液中，并轻轻摇动玻片，浸 5s 后取出，用吸水纸吸去附在螨体及粘胶上的药液；并将不含药剂（含有机溶剂）的处理作为对照。

不同浓度处理的玻片，分别放在不同编号的塑料盒（或培养皿）内，置于（25±1）℃条件下培养。

5. 检查

经 48h 后，在双目解剖镜下检查死亡数及存活数。以小毛笔轻轻触动螨足或口器，不动者即为死亡。根据不同的实验要求和药剂特点，可以适当减少或者延长检查时间。

6. 数据统计与分析

根据检查数据，计算各个处理的死亡率或校正死亡率（计算公式参照实验一杀虫剂触杀作用——喷雾法），计算结果保留至小数点后 2 位。

五、实验报告

绘制毒力曲线，根据统计结果进行评价分析，评价供试药剂对供试昆虫的活性。

第二节 杀菌剂生物测定技术

实验一 孢子萌发法

一、实验目的

学习利用孢子萌发法测定杀菌剂离体活性，并根据对孢子萌发的抑制效果筛选药剂，比较药剂的毒力大小。

二、实验原理

将不同药剂或同一药剂不同浓度与孢子悬浮液混合后，滴于凹玻片上，保温保湿培养一定时间，镜检孢子萌发率。

三、实验材料

仪器设备：无菌操作台、凹玻片、移液器、灭菌刻度试管 、灭菌小烧杯、无菌水、培养皿、酒精灯、显微镜、血球计数板、计数器、灭菌枪头。

供试药剂：百菌清（98%）。

供试菌种：香蕉炭疽病菌。

四、实验方法

1. 孢子悬浮液制备

在无菌操作下，将培养好的香蕉炭疽病菌加入无菌水摇匀（必要时可用接种针轻拨菌种表面），使其充分分散，配成孢子悬浮液，用灭菌纱布过滤，1000r/min 离心 5min，去上清，加入无菌水再次离心，沉淀加入至灭菌刻度试管，用无菌水稀释后用血球计数板观察，将孢子浓度调至每毫升 $1\times10^5\sim1\times10^7$ 个孢子，备用。

2. 药剂配制

用少量丙酮溶解百菌清，随后采用系列浓度梯度法，用 5‰吐温-80 无菌水将药剂配制成 12mg/L、6mg/L、2mg/L、0.8mg/L、0.2mg/L。

3. 药剂处理

用移液器分别移取 1mL 孢子悬浮液和药剂放入灭菌刻度试管中，充分混匀，然后移取 0.5mL 滴在凹玻片上，每个处理重复 3 次。以无菌水代替药剂处理作为空白对照。

4. 培养

将凹玻片放入带有润湿滤纸的培养皿中保湿培养 8～12h。

5. 结果检查

芽管长度超过孢子短半径视为萌发。当空白对照孢子萌发率达到 90%以上时，检查各处理孢子萌发情况。每个处理随机选取三个视野，检查孢子总数≥200 个。同时记录芽管生长异常情况及附着胞形成数量等。

6. 数据统计分析

依据检查数据按照式（5-8）计算各处理的孢子萌发率，按照式（5-9）、式（5-10）计算校正萌发率和孢子萌发相对抑制率。

$$\text{孢子萌发率}(\%)=\frac{\text{萌发孢子数}}{\text{检查孢子数}}\times 100\% \tag{5-8}$$

$$\text{校正萌发率}(\%)=\frac{\text{处理组的萌发率}}{\text{对照组的萌发率}}\times 100\% \tag{5-9}$$

$$\text{孢子萌发相对抑制率}(\%)=1-\text{校正萌发率} \tag{5-10}$$

五、实验报告

填写孢子萌发记录表（表 5-3），将孢子萌发率换算成概率值，药剂浓度转换成对数，绘制毒力曲线，求出 EC_{50}、EC_{95} 值及 95%置信限。

表 5-3　药剂测定孢子萌发记录表

供试菌种________　孢子萌发条件________　处理时间________　检查时间________

处理	孢子总数				孢子萌发率/%				校正萌发率/%	孢子萌发相对抑制率/%	备注
	1	2	3	平均	1	2	3	平均			

实验二　生长速率法

一、实验目的

学习利用生长速率法测定杀菌剂离体活性，并根据药剂对菌丝生长的抑制筛选药剂，比较药剂的毒力大小。

二、实验原理

生长速率法又称为含毒介质法。将不同浓度的药剂与融化的培养基混合，制成带毒的培养基平面，在平面上接种病菌，通过菌类的生长速度快慢来比较药剂对供试病菌毒力的大小。

三、实验材料

仪器设备：酒精灯、灭菌6cm培养皿、打孔器、接种针、灭菌小烧杯、无菌水、移液器、灭菌枪头、直尺。

供试药剂：百菌清（98%）。

供试菌种：香蕉炭疽病菌。

生长速率法

四、实验方法

1. 药剂配制

用少量丙酮溶解百菌清，随后采用系列浓度梯度法，用5‰吐温-80无菌水将药剂配制成960mg/L、480mg/L、160mg/L、40mg/L、10mg/L母液。

2. 含药平板制备

将融化的PDA培养基（19mL/瓶）冷却至50～55℃，加入1mL供试母液（母液此时被稀释20倍），充分摇匀后迅速分装到直径6cm的3个培养皿中，待凝固（用记号笔注明药剂名称和浓度），对照培养基加1mL无菌水。

3. 接种

无菌操作条件下，用打孔器打取5.0mm菌饼，然后用接种针移取一块菌饼（边缘要整齐），含菌丝的一面朝下接种于含药培养基中央，恒温培养箱内培养。

4. 结果检查

培养 3～4d 后，待对照菌丝生长到培养皿的 2/3 时，检查各处理菌的生长情况，十字交叉法测量菌落直径。

5. 数据统计分析

按式（5-11）计算各处理的抑制生长率，计算结果保留小数点后两位：

$$抑制生长率(\%)=\frac{对照菌落直径-处理菌落直径}{对照菌落直径-菌饼直径}\times 100\% \tag{5-11}$$

五、实验报告

填写菌丝生长记录表（表 5-4），将抑制生长率换算成概率值，药剂浓度转换成对数，绘制毒力曲线，求出 EC_{50}、EC_{90} 值及 95％置信限。

表 5-4 菌丝生长速率结果记录表

供试菌种________ 培养温度________ 处理日期________ 检查日期________

药剂	浓度/(mg/kg)	菌落直径/mm			平均直径/mm	抑制生长率
		重复Ⅰ	重复Ⅱ	重复Ⅲ		

实验三　抑制菌圈法

一、实验目的

学习杀菌剂的抑制菌圈法测定，学会根据抑菌圈大小判定待测药物抑菌的效价。

二、实验材料

仪器设备：酒精灯、12cm 灭菌培养皿、灭菌水、灭菌小烧杯、灭菌滤纸片、镊子、移液器、灭菌枪头。

供试药剂：72%农用硫酸链霉素可溶粉剂。

供试菌种：香蕉心腐病菌。

三、实验方法

1. 培养基制备

配制牛肉膏蛋白胨培养基［牛肉浸膏 3g，蛋白胨 5～10g，葡萄糖（或蔗糖）10g，琼脂 17～20g，酵母粉 1g，水 1000mL］，分装于 150mL 锥形瓶中，每瓶装样量为 60mL，121℃高压灭菌 30min，备用。

2. 菌悬液制备

靠近酒精灯，每支菌种加入 4mL 无菌水，用接种环将斜面上菌苔轻轻刮下来，摇匀（注意不要刮起培养基）。

3. 带菌平面制作

将融化的培养基冷却至 45℃左右，无菌操作加入 4mL 菌悬液，摇匀后迅速分装在三个培养皿中，培养基凝固后得到带菌平面。

4. 药剂配制及带药滤纸片制备

用无菌水采用系列浓度梯度法将药剂配制成 12000mg/L、4000mg/L、1333.3mg/L、444.4mg/L、148.5mg/L。将直径为 5mm 滤纸片浸入上述药液中 1min。

5. 实验处理

镊子在酒精灯下灭菌，随后用镊子夹取药液中滤纸片，按照顺时针或者逆时针的方向摆放于培养皿内。用记号笔在培养皿底部标记浓度和日期，28℃恒温培养 24h。

6. 结果检查

用游标卡尺或直尺十字交叉法测量抑制菌圈直径大小（取平均值，以 mm 为单位）比较不同药剂的毒力。

四、实验报告

测量数据，填写表 5-5，完成实验报告。

表 5-5　抑制菌圈法测定的结果记录表

供试菌种________　培养温度________　处理日期________　检查日期________

药剂	温度	抑制菌圈直径/mm			平均直径/mm	有无杂菌	备注
		重复Ⅰ	重复Ⅱ	重复Ⅲ			

实验四　杀菌剂拮抗作用测定

一、实验目的

学习杀菌剂拮抗作用的测定方法，了解活体微生物杀菌剂的作用机理。

二、实验材料

仪器设备：酒精灯、打孔器、接种针、灭菌培养皿等。

供试靶标菌：香蕉枯萎病菌、芒果炭疽病菌、椰子灰斑病菌等。

供试生防菌：链霉菌。

三、实验方法

1. 生防菌准备

将生防菌株均匀涂于高氏一号培养平板，28℃培养 5d。

2. 靶标菌准备

将靶标菌饼接种于 PDA 平板中央，25℃恒温培养 3d。

3. 拮抗作用测定

用 5mm 的灭菌打孔器打取生防菌菌饼，用接种针挑取菌饼，有菌丝一面向下接种于 PDA 培养平板中央。然后再打取 5mm 靶标菌，十字交叉接种于距离生防菌 2cm 处。以不接种生防菌做对照，每处理三次重复。

4. 结果检查

25℃恒温培养 3d，十字交叉法测量靶标菌菌落直径。

5. 数据统计分析

计算各处理的抑制率，单位为百分率，计算结果保留至小数点后两位，计算公式同实验二 生长速率法。

四、实验报告

1. 观察实验现象，比较生防菌对不同致病菌的拮抗作用。
2. 分析实验中存在的问题，完成实验报告。

实验五　抗病毒剂作用测定

一、实验目的

学会利用活体植株及叶片进行接种测定，掌握抗病毒剂的定性及定量测定。

二、实验原理

利用活体寄主植物接种病毒，根据发病的病株数、病斑大小、病症程度、出现病斑需要的时间等来判断药效，也可用生物或物理化学的方法，对药剂处理后的叶片中病毒的量进行定量测定，以其量的多少来比较药效。

三、实验材料

仪器设备：石英砂、灭菌研钵、灭菌研棒、移液器。
供试药剂：宁南霉素（99%）。
供试菌种：烟草花叶病毒（TMV）。
供试植物：烟草。

四、实验方法

1. 病毒汁液制备

取新发病的叶片 1～1.3g 剪碎，放进已经灭菌的研钵中，加入 2mL 的磷酸缓冲液（0.01mol/L，pH=7.0）研成匀浆，过滤后再加入磷酸缓冲液定容至 20mL。

2. 叶片处理

从寄主植物上切取健全的叶片，在叶面上用石英砂摩擦造成微伤口，喷雾法接种病毒汁液。接种后待叶面干燥，然后用打孔器从叶肉部分（避开叶脉）打成直径 12mm 的圆形叶片。注意应在以叶脉为中心的对称位置上打孔，一半叶子上打取的叶片为对照组，另一半叶子上打取的叶片为处理组。

3. 药液配制与处理

采用系列浓度梯度法用灭菌水或培养液将药剂稀释至 100μg/mL、200μg/mL、400μg/mL、600μg/mL、800μg/mL，取 10mL 放入直径为 9cm 的培养皿中，再将上述准备的叶片浮于其液面上，或者在培养皿中铺上用药液所湿润的滤纸，在滤纸上面放上叶片。

4. 结果检查

把培养皿放入 25℃左右的恒温培养箱，在荧光灯照射下培养 5～6d 后，从各处理组和对照组取出 10 枚叶片，水洗后定量统计叶片上的病斑数量。

五、实验报告

计算处理组病斑数和对照组病斑数的比例，即计算病毒的增殖抑制率，比较各处理间的效果。

实验六　杀菌剂组织筛选——保护作用测定

一、实验目的

学习利用活体寄主组织测定杀菌剂的保护作用，了解病斑等级划分标准。

二、实验原理

在植物组织上施加药剂形成保护膜，当病菌接触到植物表面时因药剂的保护作用，使得植物组织不发病或者发病较轻。

三、实验材料

仪器设备：束针、镊子、三角板、烧杯、量筒、移液器、记号笔、脱脂棉、保湿箱、打孔器。

供试药剂：百菌清（98%）。

供试菌种：香蕉炭疽病菌。

供试组织：香蕉（成熟度适中）。

四、实验方法

1. 香蕉的准备

从田间采摘大小老嫩一致的香蕉，用清水洗净晾干备用。

2. 药剂配制

用少量丙酮溶解百菌清，随后采用系列浓度梯度法用5‰吐温-80无菌水将药剂配制成1000mg/L、100mg/L。

3. 供试菌饼的制备

用直径5mm的灭菌打孔器打菌饼，备用。

4. 保护作用的测定

用束针刺伤香蕉的表皮，每个香蕉刺3个点（深浅一致，等距离），然后用镊子夹棉花球蘸取不同浓度药液均匀涂抹在香蕉上，对照涂清水。自然晾干后，将菌饼菌丝面向下接种于刺伤部位，用湿的脱脂棉覆盖保湿。每处理三个香蕉，处理好后的香蕉四周放棉花条，再放入保湿箱中保湿培养 5～7d 检查结果。

5. 结果检查

观察各接种点发病情况，十字交叉法测量病斑直径大小（计算每个病斑的平均值）。

6. 数据统计分析

按照下列病情分级标准，统计各处理病情指数，根据发病率［式（5-12）求得］或病情指数［式（5-13）求得］求防治效果［式（5-14）］。

$$发病率(\%)=\frac{发病点数}{接种点}\times 100\% \tag{5-12}$$

$$病情指数=\frac{\sum(病级斑点数\times 该病级值)}{接种点数\times 最高级值}\times 100 \tag{5-13}$$

$$防治效果(\%)=\frac{对照组病情指数(发病率)-处理组病情指数(发病率)}{对照组病情指数(发病率)}\times 100\% \tag{5-14}$$

病斑分级标准：

0 级：未发病；

1 级：刺伤点发病，但未连成片；

3 级：病斑连成片，病斑直径在 5mm 以下；

5 级：病斑直径在 5～10mm；

7 级：病斑直径在 10～15mm；

9 级：病斑直径在 15mm 以上。

五、实验报告

填写药效检查记录表（表 5-6），综合分析药剂保护作用的效果。

表 5-6 保护作用药效检查记录表

供试菌种________ 培养温度________ 处理日期________ 检查日期________

处理	接种点数	发病点数	病情分级						发病率/%	病情指数	防效/%
			0	1	3	5	7	9			

实验七　杀菌剂组织筛选——治疗作用测定

一、实验目的

学习利用活体寄主组织测定杀菌剂的治疗作用，了解病斑分级标准。

二、实验原理

在已经接种的组织上施加药剂，培养一定时间后，由于所施加的药剂对病菌的抑制作用，植物组织病情会得到控制或者植株发病程度减轻。

三、实验材料

仪器设备：束针、镊子、三角板、烧杯、量筒、移液器、记号笔、脱脂棉、保湿箱、打孔器。

供试药剂：百菌清（98%）。

供试菌种：香蕉炭疽病菌。

供试组织：香蕉（成熟度适中）。

四、实验方法

1. 香蕉的准备

从田间采摘大小老嫩一致的香蕉，用清水洗净晾干备用。

2. 药剂配制

用少量丙酮溶解百菌清，随后采用系列浓度梯度法用5‰吐温-80无菌水将药剂配制成1000mg/L、100mg/L。

3. 供试菌饼的制备

用直径5mm的灭菌打孔器打菌饼，备用。

4. 治疗作用的测定

用束针刺伤香蕉的表皮，每个香蕉刺3个点（深浅一致，等距离），将菌饼菌丝面向下接种于刺伤部位，用湿的脱脂棉覆盖保湿。每处理三个香蕉，处理好后的香蕉四周放棉花条，再放入保湿箱中保湿培养 24h，晾干。用镊子夹棉花球蘸取不同浓度药液均匀涂抹在香蕉上，对照涂清水。自然晾干后放入保湿箱中保湿培养 5～7d 检查结果。

5. 结果检查

观察各接种点发病情况，十字交叉法测量病斑直径大小（计算每个病斑的平均值）。

6. 数据统计分析

病斑分级标准及计算公式参照实验六 杀菌剂组织筛选——保护作用测定，统计各处理病情指数，根据发病率或病情指数求防治效果。

五、实验报告

填写药效检查记录表（表 5-7），综合分析药剂治疗作用的效果。

表 5-7　治疗作用药效检查记录表

供试菌种________　培养温度________　处理日期________　检查日期________

处理	接种点数	发病点数	病情分级						发病率/%	病情指数	防效/%
			0	1	3	5	7	9			

实验八　杀菌剂盆栽法——内吸传导性测定

一、实验目的

学习杀菌剂内吸传导作用测定方法，通过盆栽实验了解病情分级标准。

二、实验原理

病菌侵入作物后或作物发病后，施用的杀菌剂能渗入作物体内或被作物吸收并在体内传导，对病菌直接产生作用或影响植物代谢，抑制病菌的致病过程或杀灭病菌，从而达到减轻病害或清除病害的目的。

三、实验材料

仪器设备：电子天平，20mL 量筒，2000mL 量筒。

供试药剂：氟吡菌酰胺（96%）、DMSO、吐温-80。

供试作物：易感品种小麦。

供试菌种：小麦白粉病菌。

四、实验方法

1. 寄主植物准备

将小麦播种于苗钵内，待长至 2 叶期，备用。

2. 药剂配制

用少量 DMSO 溶解氟吡菌酰胺，随后用 5‰吐温-80 无菌水将药剂配制成 41.7%悬浮剂，将药剂稀释 10000 倍、20000 倍，备用。

3. 根部内吸传导性测定

挑选长势一致的 2 叶期小麦苗，采用灌根法将药剂施入土壤中，每株施加 20mL，以施加清水作对照。每处理 3 次重复。24h 后将成熟的小麦白粉孢子轻轻抖落在小麦叶片上。

4. 培养

将接种后的麦苗置于人工气候培养箱中保温保湿培养 7d。

5. 结果检查与数据统计分析

按照下列病情分级标准，统计各处理病情指数，根据发病率［式（5-15）求得］或病情指数［式（5-16）求得］求防治效果［式（5-17）］。

病情分级标准：

0 级：无病；

1 级：病斑面积占整片叶面积的 5％以下；

3 级：病斑面积占整片叶面积的 6％～15％；

5 级：病斑面积占整片叶面积的 16％～25％；

7 级：病斑面积占整片叶面积的 26％～50％；

9 级：病斑面积占整片叶面积的 50％以上。

$$\text{发病率}(\%)=\frac{\text{发病株数}}{\text{接种株数}}\times 100\% \tag{5-15}$$

$$\text{病情指数}=\frac{\sum(\text{各级发病数}\times\text{该级代表值})}{\text{调查总叶数}\times\text{最高级数值}}\times 100 \tag{5-16}$$

$$\text{防治效果}(\%)=\frac{\text{对照病情指数}-\text{处理病情指数}}{\text{对照病情指数}}\times 100\% \tag{5-17}$$

五、实验报告

填写药效检查记录表（表 5-8），综合分析药剂内吸传导的效果。

表 5-8　内吸传导药效检查记录表

供试菌种________　培养温度________　处理日期________　检查日期________

处理	接种叶片数	发病叶片数	病情分级						发病率/％	病情指数	防效/％
			0	1	3	5	7	9			

实验九　植物免疫诱抗剂测定

一、实验目的

学习植物诱抗剂测定方法，通过盆栽实验了解病情分级标准。

二、实验原理

植物诱抗剂对农作物病虫害没有直接的杀灭作用，而是通过诱导或激活植物所产生的抗性物质，对某些病原物产生抗性或抑制病菌的生长，从而达到防治病虫害的目的。

三、实验材料

仪器设备：电子天平，20mL 量筒，2000mL 量筒。

供试药剂：5%氨基寡糖素水剂。

供试作物：易感品种黄瓜。

供试菌种：黄瓜白粉病病菌。

四、实验方法

1. 寄主植物准备

将黄瓜播种于苗钵内，待长至 3～4 叶期，备用。

2. 药剂配制

将药剂稀释至 200 倍、600 倍，备用。

3. 免疫诱抗测定

挑选长势一致的 2 叶期黄瓜幼苗，分别在接种白粉病 14d、7d、3d、1d、0d 对黄瓜幼苗进行茎叶喷雾，以施加清水做对照。每处理 3 次重复。喷雾后将幼苗在通风处阴干。最后一次喷药后，将成熟的黄瓜白粉孢子轻轻抖落在黄瓜叶片上。

4. 培养

将接种幼苗先在温度 26～28℃，相对湿度大于 85%的人工气候室培养 24h，随后将幼苗放在温室正常管理 7d。

5. 结果检查与数据统计分析

按照下列病情分级标准，统计各处理病情指数，根据发病率或病情指数求防治效果。计算公式参照实验八　杀菌剂盆栽法——内吸传导性测定。

病情分级标准：

0 级：无病；

1 级：病斑面积占整片叶面积的 5%以下；

3 级；病斑面积占整片叶面积的 6%～10%；

5 级：病斑面积占整片叶面积的 11%～20%；

7 级：病斑面积占整片叶面积的 21%～40%；

9 级：病斑面积占整片叶面积的 40%以上。

五、实验报告

填写药效检查记录表（表 5-9），综合分析免疫诱抗剂的效果。

表 5-9　免疫诱抗药效检查记录表

供试菌种________　培养温度________　处理日期________　检查日期________

处理	接种叶片数	发病叶片数	病情分级						发病率/%	病情指数	防效/%
			0	1	3	5	7	9			

第三节　除草剂生物测定技术

实验一　种子萌发实验——培养皿法

一、实验目的

学习利用培养皿法测定种子萌发情况，掌握以种子萌发后根和茎的长度作为评判参数测定除草剂活性的方法。

二、实验原理

用除草剂处理萌发后的种子，在一定范围内，根和茎的伸长和除草剂的浓度呈相关性，因而可用作除草剂的定量测定方法，灵敏度较高。该测定方法一般不以萌发率作为评判指标，而是在萌发后一定时间内测定根和茎的长度，并以此作评判标准。

三、实验材料

仪器设备：培养皿、滤纸、镊子、烧杯、移液器、光照培养箱。
供试药剂：乙草胺（97%）。
供试种子：稗草种子。

四、实验方法

1. 种子催芽

将稗草种子催芽 3～4d，待稗草种子露白，备用。

2. 药剂配制

用少量丙酮溶解乙草胺，随后用 5‰ 吐温-80 无菌水将药剂配制成 31.25mg/L、62.5mg/L、125mg/L、250mg/L、500mg/L 的溶液。

3. 药剂处理

在 9cm 培养皿内铺 2 张圆滤纸，分别在各培养皿内加入上述待测药液 5mL，以蒸馏水作空白对照。每个处理 3 次重复。精选整齐且刚露白的稗草种子 20 粒摆放于培养皿中，盖好皿盖。

4. 培养

将培养皿放入培养箱中，在 27℃下培养 3d。

5. 结果检查

用直尺测量稗草的芽（根）长，精确至毫米。

6. 数据统计分析

按式（5-18）计算各处理抑制率。

$$抑制率(\%)=\frac{对照组芽(根)长-处理组芽(根)长}{对照组芽(根)长}\times 100\% \quad (5\text{-}18)$$

五、实验报告

填写实验结果记录表（表 5-10），将抑制率换算成概率值，药剂浓度转换成对数，绘制毒力曲线，求出 EC_{50}、EC_{95} 值及 95%置信限。

表 5-10　实验结果记录表

药剂浓度/(mg/L)	平均芽长/mm				抑制率/%	平均根长/mm				抑制率/%
	重复 1	重复 2	重复 3	平均		重复 1	重复 2	重复 3	平均	

实验二　种子萌发实验——幼苗形态法

一、实验目的

掌握以幼苗形态变化作为评判参数测定除草剂活性的方法。

二、实验原理

用激素型除草剂处理萌发后的黄瓜种子，在一定范围内，不同剂量的药剂可引起黄瓜幼苗形态上不同变化。该法具有操作简单、灵敏度高（可测出 0.05mg/L）的特点。

三、实验材料

仪器设备：培养皿、滤纸、镊子、烧杯、移液器、光照培养箱。

供试药剂：2,4-D 丁酯（57%）。

供试种子：黄瓜种子。

四、实验方法

1. 种子催芽

将黄瓜种子催芽 3～4d，待黄瓜种子露白，备用。

2. 药剂配制

用少量丙酮溶解 2,4-D 丁酯，随后用 5‰吐温-80 无菌水将药剂配制成 0.05mg/L、0.10mg/L、0.20mg/L、0.40mg/L、0.80mg/L 的溶液。

3. 药剂处理

将 9cm 培养皿内铺 2 张圆滤纸，分别在各培养皿内加入上述待测药液 10mL，以蒸馏水作空白对照。每个处理 3 次重复。精选整齐刚露白的黄瓜种子 10 粒摆放于培养皿中，盖好皿盖。

4. 培养

将培养皿放入培养箱中，在28℃下培养96h。

5. 结果检查

测量各处理的黄瓜胚根长、茎长，精确至毫米。同时，观察各处理黄瓜幼苗的形态。

6. 数据统计分析

按式（5-19）计算各处理生长抑制率。

$$生长抑制率(\%)=\frac{对照组胚根长-处理组胚根长}{对照组胚根长}\times 100\% \tag{5-19}$$

五、实验报告

计算各处理黄瓜胚根、茎的抑制率，获得药剂浓度与生长抑制率之间的剂量-反应回归方程，计算 IC_{50}（抑制中浓度），同时绘制黄瓜幼苗形态图。

实验三　种子萌发实验——中胚轴法

一、实验目的

学习种子萌发实验，掌握以中胚轴变化作为评判参数测定除草剂活性的方法。

二、实验原理

α-氯代乙酰胺类除草剂，如甲草胺、乙草胺等处理萌发后的稗草种子，在一定范围内，不同剂量的药剂可引起稗草中胚轴生长长度的差异。

三、实验材料

仪器设备：培养皿、滤纸、镊子、烧杯、移液器、光照培养箱。

供试药剂：乙草胺（97%）。

供试种子：稗草种子。

四、实验方法

1. 种子催芽

取适量稗草种子放入发芽盒中，加入适量蒸馏水，用玻璃棒搅动稗草种子使其充分湿润，发芽盒置于28℃培养箱中浸泡12h，除去水面上悬浮的秕粒，滤出稗草种子，包4～6层纱布，再放入发芽盒中，加盖后放入28℃培养箱内催芽至种子露白，备用。

2. 药剂配制

用少量丙酮溶解乙草胺，随后用5‰吐温-80无菌水将药剂配制成31.25mg/L、62.5mg/L、125mg/L、250mg/L、500mg/L的溶液。

3. 药剂处理

取50mL的烧杯，分别编号标记，每个处理4次重复。用移液器移取药液6mL于烧杯中，用小镊子捏取刚露白的饱满稗草种子放入烧杯内，每个烧杯放10粒，并在种子周围撒一些石英砂，使种子固定。

4. 培养

将烧杯放入植物生长箱中，在温度 28℃、湿度 RH 80%～90%的条件下，暗培养 5～6d。

5. 结果检查

生长 4d 后，用镊子取出稗草幼苗，放在滤纸上吸干表面水分后，测量各处理每株稗草的中胚轴长度。

6. 数据统计分析

计算各处理稗草中胚轴平均长度，用式（5-20）计算各处理对稗草中胚轴的生长抑制率。

$$\text{中胚轴抑制率}(\%)=\frac{\text{对照平均中胚轴}-\text{处理平均中胚轴}}{\text{对照平均中胚轴}}\times 100\% \tag{5-20}$$

五、实验报告

用标准统计软件进行回归分析，获得药剂浓度与生长抑制率之间的剂量-反应回归方程，计算 IC_{50} 值。

实验四　植株生长量的测定——萝卜子叶扩张法

一、实验目的

学习植物生长量的测定，掌握以萝卜子叶测定除草剂对植株生长量影响的方法。

二、实验原理

将指示植物在光合作用抑制剂等除草剂处理过的土壤中或混药的水溶液中培养一定时间后，植株的生长量因光合作用受到抑制而发生变化。

三、实验材料

仪器设备：培养皿、滤纸、镊子、烧杯、移液器、光照培养箱。

供试药剂：敌草快二溴化物（98%）。

供试植物组织：萝卜子叶。

四、实验方法

1. 萝卜子叶准备

萝卜种子经0.5%次氯酸钠水溶液消毒10min后，清水充分冲洗，放入发芽盒中，将萝卜种子催芽3～4d，待种皮脱掉露出子叶，用刀片沿种子基部切下分散开的子叶，备用。

2. 药剂配制

采用系列浓度稀释法用无菌水把敌草快稀释至0.1mg/L、0.02mg/L、0.01mg/L、0.004mg/L、0.001mg/L。

3. 药剂处理

将9cm培养皿内铺2张圆滤纸，分别在各培养皿内加入上述待测药液15mL，以蒸馏水作空白对照。精选整齐萝卜子叶20片称重后摆放于培养皿中，盖好皿盖。每个处理3次重复。

4. 培养

将培养皿置于人工气候生长箱中，在温度28℃、光照3000lx、光照周期为昼：夜=16h：8h、湿度70%～80% RH的条件下培养4d。

5. 结果检查

将培养后的各处理萝卜子叶放于吸水纸上将药剂吸干，称重。

6. 数据统计分析

按式（5-21）计算各处理萝卜子叶增重量的抑制率。

$$\text{生长抑制率}(\%)=\frac{\text{对照组子叶增重量}-\text{处理组子叶增重量}}{\text{对照组子叶增重量}}\times 100\% \tag{5-21}$$

五、实验报告

用标准统计软件进行回归分析，获得药剂浓度与生长抑制率之间的剂量-反应回归方程，计算 IC_{50} 值。

实验五　植株生长量的测定——三重反应法

一、实验目的

学习三重反应法，掌握乙烯类植物生长调节剂的测定方法。

二、实验原理

乙烯类植物生长调节剂具有抑制茎的伸长生长、促进茎或根的增粗和使茎横向生长三方面的效应。以上效应可以通过检测幼苗反映出来。

三、实验材料

仪器设备：万分之一电子分析天平、烧杯、量筒、镊子、直径 9cm 培养皿、滤纸、毛笔、记号笔、切割刀片、50mL 锥形瓶、微量注射器、25℃恒温暗室等。

供试药剂：40％乙烯利水剂。

供试幼苗：黄化豌豆幼苗。

四、实验方法

1. 豌豆黄化幼苗的培养

将精选的豌豆种子在 0.5％次氯酸钠溶液中浸泡 10min，用流水缓缓冲洗 2h，使浸泡到吸涨。将种子放在盛有湿润滤纸的培养皿中，种子萌发后播于潮湿的石英砂（已煮沸并洗净）中，在 25℃恒温室内黑暗条件下培养 4d，待幼苗生长至 3cm 左右时，切去胚根，并在顶端往下 1cm 处用黑墨汁作一记号，备用。

2. 药剂配制

根据实验剂量设计，用万分之一（精确到 0.1mg）电子天平准确称取供试样品于称量瓶中，用丙酮将样品稀释至目标浓度（剂量），并用丙酮按等比或等差等方法稀释（一般不少于 5 个）。每剂量药液量一般不少于 10mL。

3. 标准曲线的绘制

在 50mL 锥形瓶中，各加入 5mL 去离子水，然后在每瓶中加入已去根的黄化幼苗 10 株，盖上密封用的橡皮盖。用微量注射器抽取乙烯，并迅速注入已密封的锥形瓶中，使瓶内最后浓度分别为 0μg/mL、0.1μg/mL、1.0μg/mL、10μg/mL、100μg/mL。25℃恒温黑暗条件下静置 24h。然后取出黄化幼苗，用洁净滤纸轻轻吸去表面水分，并在有黑墨汁的记号处切去上胚轴，分别测量其长度与鲜重。再根据质量对长度的比值，得出与乙烯浓度之间的相关性，绘制标准曲线。

4. 样品的测定

移取步骤 2. 中配制的待测液 5mL，置于 50mL 锥形瓶内，或将待测未知浓度的乙烯气体抽出一定量，迅速注入已包含 5mL 去离子水及 10 株豌豆黄化幼苗的 50mL 锥形瓶内。其余操作同步骤 3.。

5. 结果检查

计算样品的质量与长度比。

五、实验报告

从标准曲线中查得相应的乙烯浓度值，乘以原稀释倍数，即得样品的乙烯含量。

实验六 生理指标的测定——黄瓜叶碟漂浮法

一、实验目的

学习叶片漂浮的实验，掌握除草剂对植株光合作用抑制指数的测定方法。

二、实验原理

植物在进行光合作用时叶组织中有较高的氧浓度，从而可以漂浮在水面上。当光合作用被抑制时，停止产生氧气，圆叶片迟迟不能漂浮。本测定方法的优点是简单、快速、重现性好、灵敏度较高。

三、实验材料

仪器设备：植物生长箱（光强大于28600lx），恒温箱，真空泵，电子天平（精确到0.1mg），抽滤瓶，直径6mm打孔器等。

供试药剂：敌草快二溴化物（98%）、磷酸氢钾缓冲液（pH=7.5）、$NaHCO_3$。

供试植物组织：黄瓜叶片。

四、实验方法

1. 叶片准备

黄瓜采用水培法使其生长至3周。

2. 试剂配制

磷酸氢钾缓冲液（0.01mol/L）配制：配制K_2HPO_4溶液（1mol/L）、KH_2PO_4溶液（1mol/L）混合液，用蒸馏水定容至1L，将pH调至7.5。配制0.1mol/L$NaHCO_3$溶液，备用。

3. 药剂配制

采用系列浓度稀释法用缓冲液把敌草快稀释至0.5mg/L、0.1mg/L、0.05mg/L、0.02mg/L、0.005mg/L。

4. 叶片处理

将黄瓜叶圆片放入抽滤瓶中，加入一定量缓冲液，然后接到真空泵中抽5min，使叶片沉入底部。将抽过真空的叶圆片放25℃恒温箱内于黑暗条件下培养5min。

5. 药剂处理

移取30mL药剂于烧杯中，在每烧杯药液中加处理过的黄瓜叶圆片20片，并加0.1mol/L $NaHCO_3$ 溶液0.1mL，每处理4次重复，缓冲液作对照。把各烧杯置于光强为20000lx的光照培养箱内。

6. 结果检查

每隔3～5min后检查各处理溶液中漂浮到溶液表面的叶片数，或记录各处理中所有叶圆片漂浮至液面所需的时间。

7. 数据统计分析

检查之后按式（5-22）、式（5-23）计算各处理的抑制指数。

$$R_{\mathrm{In}}=\frac{\text{处理叶圆片漂浮个数}}{\text{对照叶圆片漂浮个数}}\times 100\% \tag{5-22}$$

或

$$R_{\mathrm{In}}=\frac{\text{处理所有叶圆片漂浮至液面所需的时间}}{\text{对照所有叶圆片漂浮至液面所需的时间}}\times 100\% \tag{5-23}$$

五、实验报告

通过抑制指数评价除草剂对植物的光合抑制作用。

实验七　生理指标的测定——希尔反应法

一、实验目的

掌握希尔反应法测定除草剂抑制植株光合作用的方法。

二、实验原理

在光照条件下，绿色植物的叶绿体裂解水，释放氧气并还原电子受体。铁氰化钾是一种氧化剂，呈红色，接受电子和 H^+ 后被还原成黄色的亚铁氰化钾，可用分光光度计测定两种化合物的变化。这一反应可用于测定光合作用抑制剂。

三、实验材料

仪器设备：冷冻离心机、紫外分光光度计、光照培养箱（光照≥3000lx）、人工气候室、电子天平（精确度 0.1mg）、研钵、纱布、脱脂棉、液氮、玻璃缸、烧杯、量筒、移液器等。

供试药剂：敌草快二溴化物（98%）；0.01mol/L $FeCl_3$（用 0.2mol/L 醋酸溶液溶解）；0.2mol/L 柠檬酸三钠；0.05mol/L 邻菲罗啉盐（95%乙醇溶解）；80%丙酮溶液（20mL 水加入 80mL 丙酮）。

供试植物组织：豌豆叶片。

四、实验方法

1. 叶片准备

在温室栽培豌豆苗使其生长至 3 周。

2. 药剂配制

采用系列浓度稀释法用缓冲液把敌草快稀释至 0.5mg/L、0.1mg/L、0.05mg/L、0.02mg/L、0.005mg/L。

3. 离体叶绿体的提取

把新鲜豌豆叶在自来水下洗净，沥干，稍作预冷，取 10g 叶组织剪碎放入预冷的研钵中，加少许石英砂和 20mL 预冷的叶绿素提取液（0.4mol/L 蔗糖、0.05mol/L Tris-HCl 缓冲液、0.1mol/L NaCl 溶液的混合液，将 pH 调至 7.6），快速手磨 1～2min，用四层纱布过滤，滤液装在预冷的离心管中，在 1500r/min 下离心 1min，弃去沉淀，上清液移至另一预冷的离心管中，在 4000r/min 下离心 5min，弃去上清液，沉淀即为叶绿体。加入少量提取液，并投入一小团脱脂棉，用玻璃棒顶着棉球，轻轻搅动叶绿体，使成均匀分布的悬浮液。用移液管通过棉球吸至另一预冷的玻璃容器内，再加入适量提取液，使叶绿素含量在 0.10～0.20mg/mL 的范围内。叶绿素定量后此悬浮液避光冷冻保存备用。

4. 叶绿素含量测定

取 0.1mL 叶绿体，加入 4.9mL 80％的丙酮，4000r/min 离心 2min，取上清液于 650nm 的红光中比色，按式（5-24）计算叶绿素含量。

$$\text{叶绿素含量(mg/mL)}=\frac{OD_{650nm}\times 1000}{34.5}\times\frac{5}{1000\times 0.1} \quad (5\text{-}24)$$

5. 希尔反应

取 0.8mL 希尔反应液［0.5mol/L Tris-HCl（pH 7.6）、0.05mol/L $MgCl_2$、0.1mol/L NaCl、0.01mol/L $K_3Fe(CN)_6$］加入 15×100mm 玻璃试管，处理试管加入 1mL 待测药液，对照管加入 1mL 蒸馏水，然后每管加入叶绿体悬浮液 0.2mL，总体积为 2mL。摇匀后吸 1mL 至另一小试管中，各处理分成二组（一组光照，另一组作暗处理），将照光小试管分别放入玻璃方缸内的有机玻璃试管架中，注入 20℃自来水，对照试管置暗处。照光试管照光 1min 后，立即向所有试管（包括暗处理管）加入 0.2mL 20％的三氯乙酸溶液，以终止反应。将反应液摇匀后，以 3000r/min 离心 2min。吸取上清液 0.7mL 作 $Fe(CN)_6^{4-}$ 分析测定。

6. $Fe(CN)_6^{4-}$ 的分析测定

吸取上述离心后的反应液 0.7mL 分别移入有编号的试管，每管加 1mL 蒸馏水，空白对照管加入 1.7mL 蒸馏水，然后每管依次加入柠檬酸钠溶液 2mL，三氯化铁溶液 0.1mL，摇匀，最后每管加邻菲罗啉盐酸盐 0.2mL（总体积为 4mL）摇匀。

7. 结果检查

室温下放暗处显色 10min。以溶解试剂作空白对照，用分光光度计在 520nm 处比色，记录吸光度值。

8. Fe $(CN)_6^{4-}$ 标准曲线制作

称取 8.45mg 亚铁氰化钾，溶于 50mL 蒸馏水，此为 0.4μmol/mL 的溶液，再以蒸馏水稀释成下列浓度：0.05μmol/mL、0.10μmol/mL、0.20μmol/mL、0.30μmol/mL、0.40μmol/mL。各取 1mL 移至不同编号的玻璃试管中，每管加 0.7mL 蒸馏水，空白对照管加 1.7mL 蒸馏水。其他试剂的加入量及操作与样品中 $Fe(CN)_6^{4-}$ 分析测定相同，比色后以光密度值为纵坐标、亚铁氰化钾浓度为横坐标，作一标准曲线。

9. 数据统计分析

本方法不直接测定放氧活性，而是测定铁氰化钾光还原，并折算成放氧活性，放氧活性以 μmol (O_2)/[mg(chl)·h] 表示。将所得放氧活性数据代入式（5-25）计算各处理的希尔反应抑制率（%）。

$$希尔反应抑制率(\%)=\frac{对照放氧活性值-处理放氧活性值}{对照放氧活性值}\times 100\% \tag{5-25}$$

五、实验报告

采用标准统计软件进行回归分析，获得药剂浓度与生长抑制率之间的剂量-反应回归方程，计算 IC_{50} 值。

实验八　生理指标的测定——小球藻法

一、实验目的

掌握小球藻法测定除草剂抑制植株光合作用的方法。

二、实验原理

光合作用抑制剂除草剂通过作用于光合系统的电子传递过程，阻碍光合作用电子传递，或通过影响叶绿体光呼吸过程从而阻碍 CO_2 的固定等影响植物的光合作用，进而影响植物的生长量。

三、实验材料

仪器设备：人工气候室（光照≥5000lx），电子天平（精确度 0.1mg），各种规格的锥形瓶、摇床、紫外分光光度计、移液加样器（称量液体药品）等。

供试药剂：扑草净（50%）。

供试植物：小球藻。

四、实验方法

1. 小球藻的选择与预培养

在 250mL 锥形瓶中加入 100mL 小球藻培养液，将保存于 0～4℃冷藏箱的敏感易培养藻种蛋白核小球藻（*Chlorella pyrenoidosa*）接种到培养基中，用封口膜封口，在温度 25℃、光照度 5000lx，持续光照和 100r/min 转速振荡的条件下预培养 7d，使藻细胞快速生长，直至繁殖至对数生长期。

小球藻培养液配方：$(NH_4)_2SO_4$ 0.2g，$MgSO_4 \cdot 7H_2O$ 0.08g，KCl 0.023g，$Ca(H_2PO_4)_2 \cdot H_2O$ 0.108g，$CaSO_4 \cdot H_2O$ 0.132g，$NaHCO_3$ 0.1g，$FeCl_3$（1%）0.15mL，微量元素 A_3 液 0.5mL，纯净水 1000mL。微量元素 A_3 液配方：$MnCl_2 \cdot 4H_2O$ 1.81g，$ZnSO_4 \cdot 7H_2O$ 0.222g，$CuSO_4 \cdot 5H_2O$ 0.079g，H_3BO_4 2.86g，$Na_2MoO_4 \cdot 2H_2O$ 0.391g，纯净水 1000mL。

2. 药剂配制

用少量丙酮溶解扑草净，采用系列浓度稀释法用5‰吐温-80水溶液将扑草净丙酮溶液稀释至0.01mg/L、0.02mg/L、0.05mg/L、0.10mg/L、0.20mg/L。

3. 药剂处理

将小球藻培养液接种到含有15mL培养基的50mL锥形瓶中，使初始浓度为8×10^5个/mL。用记号笔编号，每处理重复4次。每个锥形瓶中加入系列浓度梯度的扑草净，培养条件与预培养时相同，培养时间为4d。

4. 结果检查

以培养液为参比，在最大吸收波长680nm下测定吸光值（光程1cm），每个锥形瓶取得3个平行测试值。

5. 数据统计分析

计算每个处理平行测试吸光值的平均值，抑制率（%）直接采用式（5-26）计算。

$$\text{生长抑制率}(\%)=\frac{\text{对照平均吸光值}-\text{处理平均吸光值}}{\text{对照平均吸光值}}\times100\% \qquad (5\text{-}26)$$

五、实验报告

采用标准统计软件进行回归分析，获得药剂浓度与生长抑制率之间的剂量-反应回归方程，计算IC_{50}值。

实验九　PPO 测定

一、实验目的

掌握化合物对原卟啉原氧化酶（PPO）离体抑制活性的室内生物测定方法。

二、实验原理

原卟啉原氧化酶（PPO）是创制新型除草剂品种的主要靶标之一，该酶能催化单元酚和二元酚等多元酚到联苯酚的羟基化以及羟基酚到醌的脱氢反应。本实验测定除草剂通过抑制 PPO 的活性从而发挥除草剂的效应。

三、实验材料

仪器设备：高速冷冻离心机、万分之一电子分析天平、可见紫外分光光度计、生化培养箱等。

供试药剂：96%氯磺胺草醚原药。

供试植物组织：玉米黄化苗。

四、实验方法

1. 玉米苗的培养

发育完整、较均匀的种子经 0.5% 的次氯酸钠水溶液表面消毒 10min 后室温浸种 5～6h，在 28℃温箱过夜催芽（约 15h），播种于蛭石中，25℃黑暗培养 7d 后备用。

2. 药剂的配制

用万分之一（精确到 0.1mg）电子天平准确称取供试药剂 1mg 于称量瓶中，加入 10μL 二甲基甲酰胺溶解，加少许吐温-80（少于 10mg）后，以蒸馏水定容至 100mL，即为 10μg/mL 的溶液。采用系列浓度稀释法将药剂进一步稀释至 0.05μg/mL、0.10μg/mL、0.20μg/mL、0.40μg/mL、0.80μg/mL。

3. PPO 的提取

6～7d 暗室培养的玉米黄化苗，照光 2h 后，剪取微变绿的玉米幼苗，加 5 倍体积的提取缓冲液匀浆，尼龙绸过滤，300g 离心 5min，上清液经 10000g 离心 1min。沉淀经缓冲液重新溶解后得到的悬浮液经 150g 离心 5min，所得上清液经 2000g 离心 5min。沉淀经缓冲液重新溶解后得到的悬浮液经 500g 离心 20min。所得沉淀重新溶解即为 PPO 粗酶液（−80℃避光保存），操作在 0～4℃绿光下进行。

PPO 的提取液配方：0.05mol/L pH 7.8 HEPES 缓冲液，0.5mol/L 蔗糖，1mmol/LDTT，1mmol/L $MgCl_2$，1mmol/L EDTA，0.2% BSA。

4. 蛋白质含量测定

采用改进的考马斯亮蓝法。60mg 考马斯亮蓝 G-250 溶于 100mL 3%的过氯酸溶液中，滤去未溶的染料，于棕色瓶中保存。以牛血清白蛋白为标准品做标准曲线。酶样品 200μL，加蒸馏水 2mL、染液 2mL，于 620nm 比色测吸光度。每个处理 3 个重复，取平均值。以蛋白质浓度为横坐标，OD 值为纵坐标绘制标准曲线。依据标准曲线的回归方程计算蛋白质含量。

5. 制作标准曲线

配制 0.08mmol/L 的 PPO 粗酶液，分别移取 200μL、400μL、600μL、800μL 和 1000μL，加入 2.8mL、2.6mL、2.4mL、2.2mL、2.0mL 0.1mol/L pH 7.8 Tris-HCl 缓冲液至总体积为 3mL。立即测定 630nm（激发波长为 410nm）波长的发射荧光强度。每个处理 3 个重复，取平均值。以 PPO 粗酶液浓度为横坐标，F 值为纵坐标，绘制标准曲线。以最小二乘法计算得出线性回归方程。

0.1mol/L pH 7.8 Tris-HCl 缓冲液：1mmol/L EDTA，5mmol/LDTT 和 1% Tris-HCl（体积分数）吐温-80。

6. 化合物对 PPO 抑制活性离体测定

测试前，粗酶液样品加入 0.5%（体积分数）吐温-20 经两次超声处理 5 s。每 1mL 反应体积中包括 0.1mol/L pH 7.5 Tris-HCl 缓冲液，0.06mmol/L 原卟啉原Ⅸ（底物），100μL 不同浓度供试药剂，100μL 的酶溶液，加酶后开始温浴，30℃黑暗反应 60min。将 100μL 反应产物转移入 2.9mL 0.1mol/L pH 7.8 Tris-HCl 缓冲液，立即于 630nm 下测定（激发波长为 410nm）荧光强度。以加热灭活的质体样品作为空白对照。每个处理 3 个重复，取平均值。酶比活力单位为 nmol proto-Ⅸ[(mg 蛋白质)$^{-1}$ · h^{-1}]。化合物对 PPO 的离体抑制活性可以用抑制率或 IC_{50}（根据抑制剂与酶的作用方式采用统计方法进行计算）表示。

0.1mol/L pH 7.5 Tris-HCl 缓冲液：1mmol/L EDTA，4mmol/LDTT 和 1% Tris-HCl（体积分数）吐温-80。

五、实验报告

按照表 5-11 完成实验报告。

表 5-11 实验结果记录表

样品编号	处理浓度 /(μg/mL)	吸光度 OD_{630}	酶活性 /[nmol/(mg pro・h)]	相对效果/%
1				
2				
3				
4				
5				
6				

第四节　抗药性及安全评估实验

实验一　蚜虫对吡蚜酮抗药性评估实验

一、实验目的

学习杀虫剂抗药性风险评估的方法，了解抗性风险级别评价标准。

二、实验材料

仪器设备：人工气候箱、电子天平（精确到0.1mg）、养虫室、玻璃养虫管、玻璃棒、滤纸、玻片、镊子、培养皿、不锈钢水槽、大试管、移液枪、烧杯等。

供试药剂：97%吡蚜酮原药。

供试昆虫：桃蚜。

三、实验方法

1. 蚜虫敏感种群饲养

从田间采集桃蚜，种植菜豆苗，不接触药剂情况下在养虫室内连续饲养，备用。

2. 蚜虫敏感性基线测定

采用叶片浸渍法测定蚜虫对供试药剂敏感基线。将供试原药用丙酮稀释成一定浓度母液，并用0.1%吐温-80水溶液将母液稀释至5～7个梯度。将菜豆叶片浸入药液10 s，取出晾干置于保湿滤纸的培养皿中，接入试虫。每重复挑选60个健康若虫，共4次重复。48h后将存活的蚜虫转移至放有菜豆的培养箱内（温度27℃±1℃、相对湿度60%～80%、光照L∶D=12h∶12h），并统计死亡率。运用SAS统计软件处理数据，求出毒力回归方程（$y=a+bx$）和半数致死浓度LC_{50}值，确定药剂敏感基线。

3. 敏感种群和抗性种群卵孵化率及平均世代历期测定

每代用高于LC_{50}剂量浸渍叶片筛选蚜虫，48h后将存活的蚜虫转移至放有未用药剂处理菜豆的培养箱内，单头饲养，每日观察记录蚜虫产蚜量，将新生若蚜及时移出，直至成虫死亡，即为 F_0 代；F_1 代从 F_0 代的对照组和处理组同一天所产生新生若蚜中随机挑取，在不经任何处理的寄主上单头饲养，饲养方法和条件同 F_0，每日观察记录蚜虫龄期、死亡时间，并及时移出蚜虫所蜕的皮。待变成成蚜后每日记录产蚜量，并移除当日新产的若蚜，直至成蚜死亡。

4. 抗性选育及抗性倍数计算

用测定敏感基线的方法测定每代蚜虫的 LC_{50}，按式（5-27）计算抗性倍数。

$$\text{抗性倍数}=\frac{\text{供试种群 } LC_{50}}{\text{敏感品系 } LC_{50}} \tag{5-27}$$

5. 抗药性潜能测定

（1）现实遗传力：按照式（5-28）计算现实遗传力 h^2。

$$\text{现实遗传力 } h^2=\frac{R}{S} \tag{5-28}$$

$$\text{选择响应 } R=\left(\lg\frac{\lg \text{终 } LC_{50}}{\lg \text{初 } LC_{50}}\right)/N \tag{5-29}$$

$$\text{选择差 } S=i\times\delta_p \tag{5-30}$$

汰选强度 $i\approx1.583-0.0193336p+0.0000428p^2+3.65194/p \quad (10\leqslant p\leqslant80)$；

$$p=(1-\text{平均校正死亡率})\times100 \tag{5-31}$$

$$\text{表型标准差 } \delta_{\mathrm{p}}=1/\text{平均斜率} \tag{5-32}$$

$$\text{平均斜率}=\frac{\text{种群初始毒力回归方程斜率 } b_1+\text{种群筛选后毒力回归方程斜率 } b_2}{2} \tag{5-33}$$

式中，N 为选择代数。

（2）种群适合度测定：如果筛选 10 代已产生 5 倍以上的抗性，则按照式（5-34）测定种群适合度。

$$\text{适合度 } W=\frac{N_i}{N_{i-1}} \tag{5-34}$$

式中，N_i 为本代种群的个体总数量；N_{i-1} 上一代种群的个体总数量。

6. 抗性风险评估

如果抗性蚜虫种群（或筛选后种群）适合度不明显低于敏感种群（或筛选前种群），那么该药剂田间使用具有抗性风险。采用建立敏感基线相同的方法，用死亡率小于25%的亚致死剂量处理蚜虫，测定处理组的适合度，如果其适合度明显高于对照组，该药剂田间使用具有抗性风险。

7. 交互抗性的测定

采用叶片浸渍法测定敏感种群和抗性种群对常用新烟碱类杀虫剂敏感性，评价吡蚜酮与其他供试药剂是否存在交互抗性。

四、实验报告

利用表5-12，根据上述数据综合分析吡蚜酮在田间产生的抗药性风险级别，完成实验报告。

表5-12　抗性风险级别评价标准

级别	参考指标
高等抗性风险	如果有同类药剂使用的历史并产生了抗性、现实遗传力≥0.2，筛选后种群适合度至少不低于筛选前、亚致死剂量处理后适合度没有明显降低，那么该药剂为高风险药剂
中等抗性风险	如果有同类药剂使用历史、0.1≤现实遗传力<0.2，筛选后种群适合度至少不低于筛选前、亚致死剂量处理后适合度没有显著降低，那么该药剂为中等风险药剂
低等抗性风险	如果没有同类药剂使用历史、现实遗传力<0.1，筛选后种群适合度明显低于筛选前、亚致死剂量处理后适合度有显著降低，那么该药剂为低等风险药剂

实验二　水稻纹枯病菌对噻霉酮抗药性评估实验

一、实验目的

学习杀菌剂抗药性风险评估实验方法，了解抗性风险级别评价标准。

二、实验材料

仪器设备：酒精灯、灭菌 9cm 培养皿、打孔器、接种针、灭菌小烧杯、无菌水、移液器、灭菌枪头、直尺。

供试药剂：98%噻霉酮原药。

供试菌种：水稻纹枯病菌。

三、实验方法

1. 水稻纹枯病菌标本的采集及病菌分离培养

分别从 10 个重要水稻种植地区采集水稻纹枯病样品，要求所有采集区均从未施用过噻霉酮及噻唑类药剂。将采集的病株用吸水纸包裹放于纸质采样袋，记录采样地点、采样日期、采集人姓名、主要发病情况、历史用药信息等，尽快带回实验室，如不能立即开展分离，应将样本放入 4℃冰箱中保存待用。采用组织分离法对采集样品进行病菌分离。

2. 药剂配制

采用系列浓度稀释法，用含 0.1%吐温-80 的无菌水将药剂配制为 20mg/L、40mg/L、80mg/L、160mg/L、320mg/L 的溶液，备用。

3. 水稻纹枯病菌对噻霉酮的敏感基线测定

采用生长速率法进行敏感基线测定。用移液器移取 0.5mL 药剂加入 49.5mL PDA 培养基内，迅速摇匀分装于 3 个 9cm 的培养皿内，待培养基凝固后，用直径为 5mm 的打孔器打取培养好的水稻纹枯病菌的菌饼，接种于平板中央，并以含 0.1%吐温-80 的无菌水作空白对照。每处理 3 次重复，25℃培养 3d。培养 3～4d 后检查各处理菌的生长情况，十字交叉法测量菌落直径。按式（5-35）计算各处理的抑制率，单位为百分率，计算结果保留至小数点后两位。

$$抑制生长率(\%)=\frac{对照菌落直径-处理菌落直径}{对照菌落直径-菌饼直径}\times 100\% \tag{5-35}$$

实验数据用SAS统计软件处理，求出各药剂对水稻纹枯病菌的毒力回归曲线方程 $y=a+bx$、半数效应浓度（EC_{50}）、95%置信区间和相关系数等参数。最后基于 EC_{50} 建立敏感基线，如果敏感基线呈单峰分布，则这些菌株可视为野生敏感性菌株，其对药剂的敏感性（EC_{50} 值）的平均值可作为靶标菌对该药剂敏感基线的 EC_{50}。

4. 交互抗性的测定

采用生长速率法测定敏感菌株和抗性菌株对常用杀菌剂的敏感性，评价噻霉酮与其他供试药剂是否存在交互抗性。

5. 靶标病菌产生抗药性的潜能测定

（1）紫外诱变实验　将水稻纹枯病菌在PDA培养基上25℃培养3d，用直径为5mm的打孔器打取菌饼，接种于PDA平板中央，置于已经预热30min的15W紫外灯300mm处照射30s、35s、40s、45s、50s、55s、65s、75s、85s、95s、105s、115s、120s，然后置于25℃培养3d，找出5%菌丝能够生长的时间用于突变体筛选。然后将水稻纹枯病菌接种在PDA培养基上，然后置于已经预热的紫外灯（15W）300mm处照射亚致死时间，以不照射为对照，(25±1)℃，RH 80%培养3d，将菌饼边缘出现的扇形角突变体转接至含有MIC浓度的相应药剂的培养平板上，能生长的视为抗药突变体。

（2）药剂驯化实验　将水稻纹枯病敏感菌株在PDA培养基上25℃培养3d，用直径为5mm的打孔器打取菌饼，接种于含亚致死剂量噻霉酮的PDA平板中央，25℃培养3d，挑取角变区菌丝接种到另一含药平板上，逐渐提高药剂浓度，连续选择培养10代，获得疑似抗药突变体，然后将其在无药的培养基平板上转接培养3代后测定该菌株对噻霉酮的敏感性，获得抗药性状能够稳定遗传的菌株。抗药性突变频率 X(%）按照式（5-36）计算；抗性指数 F 按照式（5-37）计算，计算结果保留整数。

$$X=\frac{N_1}{N_2}\times 100\% \tag{5-36}$$

式中　X——抗药性突变频率，%；

N_1——筛选获得的抗药性菌体数量，个；

N_2——用于抗药性筛选的供试靶标病菌群体数量总和，个。

$$F=\frac{E_1}{E_2} \tag{5-37}$$

式中　F——抗性指数；

E_1——抗性菌株对噻霉酮敏感性（EC_{50}），μg/mL；

E_2——亲本菌株对噻霉酮敏感性（EC_{50}），μg/mL。

抗性菌株划分标准：

① 低抗菌株：5 <抗性指数 $F \leqslant 10$ 为低抗菌株；

② 中抗菌株：10<抗性指数 $F \leqslant 50$ 为中抗菌株；

③ 高抗菌株：50<抗性指数 F 为高抗菌株。

6. 抗药性菌株的适合度测定

（1）抗性菌株稳定性测定　将抗药性突变菌株接种于 PDA 培养基上测量菌株第 1 代、第 5 代和第 10 代对噻霉酮的敏感性。比较培养不同代数后菌株对药剂敏感性的变化。

（2）温度敏感性　将抗药性突变菌株和敏感菌株接种于 PDA 培养基上，分别置于 4℃、10～18℃、20～30℃和 37℃培养 3d，每菌株重复 4 次。十字交叉法测量各温度下的菌落直径，确定敏感菌株和抗药性菌株最适的生长温度，并明确抗性水平的高低与温度的敏感性是否相关。

（3）致病力测定　培育无病水稻苗，待水稻生长至 20d 时，移栽到无菌的花盆中，每盆 3 丛，每丛 4 株，每一处理 4 盆。在水稻分蘖盛期，将抗药性突变菌株和敏感菌株接种于 PDA 培养基上 25℃培养 3d，用直径为 5mm 的打孔器打取菌饼，菌丝面向下接种于水稻叶片，在（25±1）℃、RH 80%、12h/12h 光周期条件下培养，以无菌为空白对照，10d 后十字交叉法测量病斑直径，结果保留小数点后两位。

四、实验报告

根据上述抗性菌株的突变频率、抗性指数和适合度测定结果，根据表 5-13 并结合交互抗药性、抗性遗传、噻霉酮作用机制等综合分析噻霉酮在田间水稻纹枯病上的抗药性风险。

表 5-13　抗性风险级别评价标准

级别	参考指标
高抗风险	如果药剂持效期长、作用位点单一、田间有同类药剂使用的历史、靶标病菌易产生抗性突变、抗性指数很高、抗药性菌株适合度接近或高于敏感群体（包括亲本菌株），则该药剂的田间使用风险级别为高风险
中抗风险	如果药剂作用位点单一、田间有同类药剂使用的历史、靶标病菌易产生抗性突变、抗性指数中等、抗药性菌株适合度低于敏感群体（包括亲本菌株），则该药剂的田间使用风险级别为中等风险
低抗风险	如果药剂为多作用位点、田间没有同类药剂使用的历史、抗药性菌株突变率较低、抗性指数低等、抗药性菌株的适合度显著低于敏感群体亲本菌株，则该药剂的田间使用风险级别为低等风险

实验三　稻田阔叶杂草对 2,4-滴异辛酯抗药性评估实验

一、实验目的

学习除草剂抗药性风险评估实验方法，了解抗性风险级别评价标准。

二、实验材料

仪器设备：人工气候箱、万分之一电子天平、自动控制喷雾塔和玻璃器皿等。

供试药剂：96% 2,4-滴异辛酯原药、95% 2 甲 4 氯异辛酯。

供试靶标杂草：鬼针草（*Bidens pilosa* L.）、节节菜［*Rotala indica*（Willd.）Koehne］、鸭舌草［*Monochoria vaginalis*（Burm. f.）C. Presl］、陌上菜［*Lindernia procumbens*（Krock.）Philcox］、水苋菜（*Ammannia baccifera* L.）和鳢肠（*Eclipta prostrata*）。

三、实验方法

1. 靶标杂草种子采集

分别采集不同地区鬼针草、节节菜、鸭舌草、陌上菜、水苋菜、鳢肠 6 种杂草，每种杂草采集 30 个种群的杂草种子，每种杂草采集 300～600g 种子，采集地分别为湿地、沼泽和废弃稻田，都没有用过任何除草剂。

2. 各种杂草对 2, 4-滴异辛酯敏感基线测定

采用盆栽茎叶处理法，选择高 9cm、直径 16cm 的塑料盆，加入 2/3 高度湿润灭菌过筛土壤。采用盆钵底部渗灌方式使土壤完全湿润，将预处理的种子均匀撒播于土壤表面，覆土 1cm，播后移入人工气候箱培养（温度为 20～25℃，相对湿度为 60～80%，光照：黑暗 14h：10h，光照强度 2000lx），采用盆钵底部渗灌方式补水。待靶标草 3～4 叶期，间草，每盆留 10 株。间苗后第二天，按照实验设计用量进行茎叶喷雾处理，药剂使用 0.1% 吐温-80 水溶液配成 10g/hm^2、20g/hm^2、40g/hm^2、50g/hm^2、60g/hm^2、80g/hm^2 5 个浓度梯度，按照实验设计从低剂量到高剂量顺序进行喷雾，每处理重复 4 次，使用含有有机溶剂的 0.1%吐温-80 水溶液作为空白对照。实验处理 15～20d 后对杂

草整株称重，按照式（5-38）计算整株抑制率。

$$\text{整株抑制率}(\%)=\frac{\text{对照整株鲜重}-\text{处理整株鲜重}}{\text{对照整株鲜重}}\times 100\% \tag{5-38}$$

实验数据用SAS统计软件处理，抑制率转化成概率值（因变量 y），浓度转化成对数值（自变量 x），求出各药剂的毒力回归曲线方程 $y=a+bx$、整株抑制中浓度（GR_{50}）、95%置信区间和相关系数等参数。最后基于 GR_{50} 建立敏感基线，如果杂草种群的敏感基线呈单峰分布，则可将杂草种群视为敏感种群，其对待评估除草剂敏感性（GR_{50}）的平均值则可作为靶标杂草对该药剂敏感基线的 GR_{50}。

3. 交互抗性测定

使用上述毒力测定方法，分别选用一个敏感种群和抗性种群测定 2,4-滴异辛酯和 2 甲 4 氯异辛酯的毒力［式（5-39）］，得出毒力方程和 GR_{50}。

$$\text{抗性指数 RI}=\frac{R}{S} \tag{5-39}$$

式中，R 为抗性种群的 GR_{50}；S 为相对敏感种群的 GR_{50}。

4. 抗性生物型杂草的适合度

对于抗性生物型杂草参照 NY/T 1859.12—2017 测定杂草的种子萌发力、相对生长速率、净同化率、竞争力等与适合度相关的生物学性状指标。

四、实验报告

结合表 5-14 并根据农药的类别，靶标杂草产生抗药性的速度、频率，适合度及抗药性产生可能导致的后果，分析阔叶杂草对 96% 2,4-滴异辛酯的抗药性风险。

表 5-14 抗性风险级别评价标准

级别	参考指标
高抗风险	如果药剂作用位点单一、靶标易产生突变、田间有同类药剂使用历史、RI≥10 且有交互抗性、抗性生物型适合度接近或高于敏感生物型，则该药剂的田间使用风险级别为高风险
中抗风险	如果药剂作用位点单一、靶标易产生突变、田间有同类药剂使用历史、1.00<RI<10.00、抗性生物型适合度低于敏感生物型，则该药剂的田间使用风险级别为中等风险
低抗风险	如果药剂为多作用位点、田间没有同类药剂使用的历史、RI≤1.00、抗性生物型适合度显著低于敏感生物型，则该药剂的田间使用风险级别为低等风险

实验四　杀虫剂对作物安全性评价——植株施药法

一、实验目的

学习利用植株施药法评价杀虫剂对作物安全性，并根据药剂对作物能否产生药害以及药害大小，了解供试药剂对作物的室内安全性。

二、实验材料

仪器设备：人工气候培养箱或者光照培养箱等、电子天平（感量 0.1mg）、移液器、直径 15～20cm 盆钵、可控定量喷雾器、培养皿等。

供试作物：粮食作物、瓜菜类作物、经济作物等均可。

供试药剂：97%吡虫啉原药。

三、实验方法

1. 作物准备

须选用拟申请登记作物的 3 个以上不同常规品种（如水稻的粳稻、籼稻、糯稻等）作为供试作物。采用营养一致的土壤在光温湿可控的培养箱或温室盆钵栽培 3～5 叶期作物苗，保持良好的水肥管理条件，生长态势一致。

2. 药剂配制

实验药剂的剂量以生产企业推荐的田间药效试验最高剂量的 1、2、4 倍的梯度设计，并设不含药剂处理对照。

3. 药剂喷雾处理

按药剂处理剂量，以无药对照、低剂量浓度至高剂量浓度进行处理。每处理不少于 4 次重复，每处理不少于 30 株。处理后移入温室培养，各处理生长管理条件一致。

4. 药害检查

于药剂处理 1d、3d、5d、7d 定期观察记录作物的生长情况和描述药害症状，于处理后 21d 测量不同处理的株高。

药害严重度分级标准：

一：植株正常生长；

＋：植株生长受到轻微抑制，或叶片边缘有轻微灼伤；

＋＋：植株生长受到一定抑制，或叶片有部分灼伤，但现象可以恢复；

＋＋＋：植株生长受到抑制，或大量叶片灼伤，现象难以恢复；

＋＋＋＋：植株生长受到严重抑制，或植株枯死。

5. 数据统计分析

依据检查数据，按照下列公式计算各处理株高等的生长速率［式（5-40）］和生长抑制率［式（5-41）］，并计算药剂安全系数［式（5-42）］。安全系数＞1 表明药剂安全，安全系数＞2.5 表示生产上使用安全，安全系数＞4 表示非常安全。

$$\text{生长速率}=\frac{\text{植株新升高度}}{\text{时间}} \tag{5-40}$$

$$\text{生长抑制率}(\%)=\frac{\text{对照生长速率}-\text{处理生长速率}}{\text{对照生长速率}}\times 100\% \tag{5-41}$$

$$\text{安全系数}=\frac{\text{作物对杀虫剂可忍耐的最高剂量}}{\text{药剂田间最高推荐使用剂量}} \tag{5-42}$$

四、实验报告

评价药剂安全使用剂量。

实验五　杀菌剂对作物安全性评价——茎叶处理法

一、实验目的

学习杀菌剂产生药害的原因，掌握杀菌剂茎叶处理剂安全性测定方法。

二、实验原理

使用杀菌剂在防治植物病害过程中，由于施用剂量、方法以及时期不当等因素会使作物产生药害，因此为了确定杀菌剂的安全用药剂量、使用方法和适应时期，明确农作物各个发育阶段对该药的敏感性及发生药害的条件，需要进行杀菌剂安全测定实验。

三、实验材料

仪器设备：电子天平，20mL 量筒，2000mL 量筒。

供试药剂：75%百菌清可湿性粉剂。

供试作物：白黄瓜、青黄瓜、华南黄瓜。

四、实验方法

1. 寄主植物准备

将黄瓜播种于苗钵内，待长至 2 叶期，备用。

2. 药剂配制

实验药剂的剂量以生产企业推荐的田间药效试验最高剂量的 1 倍、2 倍、4 倍备用。

3. 茎叶处理

挑选长势一致的 2 叶期黄瓜幼苗，将剂量的 1 倍、2 倍、4 倍药液喷施在黄瓜叶片上，以喷施清水为对照。每处理 3 次重复。

4. 培养

将幼苗于温室正常管理。

5. 结果检查

于药剂处理 1d、3d、5d、7d 定期观察记录作物的生长情况和描述药害症状（见实验四　杀虫剂对作物安全性评价——植株施药法），于处理后 21d 测量不同处理的株高。药害严重度分级标准和数据统计分析见实验四 杀虫剂对作物安全性评价——植株施药法。

五、实验报告

评价药剂安全使用剂量。

实验六　除草剂对作物安全性评价

一、实验目的

学习除草剂田间药效实验的基本过程，掌握除草剂安全性评价的方法。

二、实验原理

根据测试靶标受药后的反应症状和受害程度，评价药剂的活性水平。

三、实验材料

供试药剂：40g/L 烟嘧磺隆可分散油悬浮剂。

仪器设备：喷壶，苗钵，移液管，量筒，烧杯，电子天平等。

供试作物：玉米。

四、实验方法

1. 种子准备

选择大小一致、籽粒饱满的玉米种子浸种 24h 后，催芽 24h，挑选芽长一致的种子备用。

2. 水稻苗准备

在每盆苗钵内播种催芽处理的玉米种子，待长至 2 叶期，备用。

3. 药剂配制

实验药剂的剂量以生产企业推荐的田间药效试验最高剂量的 1 倍、2 倍、4 倍备用。

4. 药剂处理

挑选长势一致的 2 叶期玉米幼苗，将剂量的 1 倍、2 倍、4 倍药液喷施在玉米叶片上，以喷施清水为对照。每处理 3 次重复。

5. 培养

将幼苗于温室正常管理。

6. 结果检查

于药剂处理 1d、3d、5d、7d 定期观察记录作物的生长情况和描述药害症状，于处理后 21d 测量不同处理的株高。药害严重度分级标准和数据统计分析见实验四 杀虫剂对作物安全性评价——植株施药法。

五、实验报告

评价药剂安全使用剂量。

第六章

农药田间药效试验

试验一　20%呋虫胺悬浮剂防治稻飞虱药效试验

一、试验目的

学习杀虫剂田间药效试验的设计方法，了解虫口密度和调查方法。

二、试验材料

试验器材：电子天平，3WBD-18L背负式电动喷雾器，20mL量筒，2000mL量筒，胶头滴管，乳胶手套，一次性手套。

供试药剂：20%呋虫胺悬浮剂，25%噻嗪酮可湿性粉剂。

试验对象：水稻稻飞虱。

三、试验方法

1. 药剂浓度设置

（1）20%呋虫胺悬浮剂：20mL/667m^2（制剂）或60g/hm^2（有效含量）；

（2）20%呋虫胺悬浮剂：30mL/667m^2（制剂）或90g/hm^2（有效含量）；

(3) 20%呋虫胺悬浮剂：40mL/667m^2（制剂）或 120g/hm^2（有效含量）；

(4) 25%噻嗪酮可湿性粉剂：30g/667m^2（制剂）或 112.5g/hm^2（有效含量）；

(5) CK（清水）。

2. 小区设计

根据试验需要，并考虑作物种植情况，选稻飞虱发生偏重、分布均匀的田块，进行小区试验。每小区面积 30m^2，其间设保护行。每小区作为一个处理，每个处理 4 次重复，小区间采用随机区组排列。

3. 处理及调查方法

在喷药前一天调查田间虫口密度，用对角线或平行线取样法，每小区田间取样 15 点，每点检查 2 丛，摇动或拍打稻丛，统计稻丛间水面漂浮的飞虱数，喷药液量各小区尽量一致。施药后 1d、3d、7d 各调查一次存活虫数。按下列公式计算虫口减退率［式(6-1)］和防治效果［式(6-2)］。

$$\text{虫口减退率}(\%)=\frac{\text{药前活虫数}-\text{药后活虫数}}{\text{药前活虫数}}\times 100\% \tag{6-1}$$

$$\text{防治效果}(\%)=\frac{\text{处理组虫口减退率}-\text{对照组虫口减退率}}{1-\text{对照组虫口减退率}}\times 100\% \tag{6-2}$$

4. 药害调查

观察水稻是否有药害产生并记录。用药害分级标准区分药害程度，以－、＋、＋＋、＋＋＋、＋＋＋＋表示并注明。

－：无药害；

＋：轻度药害，不影响作物正常生长；

＋＋：明显药害，可复原，不会造成作物减产；

＋＋＋：高度药害，影响作物正常生长，对作物产量和质量造成一定程度的损失；

＋＋＋＋：严重药害，作物生长受阻，作物产量和质量损失严重。

四、试验报告

详细记录实验数据（表 6-1），计算虫口减退率和防效，并对防效进行统计分析，完成试验报告。

表 6-1　水稻稻飞虱田间药效试验调查统计表

小区________　品系________　调查日期________　次数________

农药	药前活虫数	药后活虫数/只			虫口减退率/%			防效/%			药害
		1d	3d	7d	1d	3d	7d	1d	3d	7d	

试验二　20%氯虫苯甲酰胺悬浮剂防治草地贪夜蛾药效试验

一、试验目的

开展20%氯虫苯甲酰胺悬浮剂防治玉米地草地贪夜蛾的田间药效试验，了解杀虫剂田间药效试验的一般程序，以及药剂对玉米安全性等。

二、试验材料

试验器材：3WBD-18L背负式电动喷雾器、20mL量筒，2000mL量筒，胶头滴管，乳胶手套，一次性手套。

供试药剂：20%氯虫苯甲酰胺悬浮剂，5%甲氨基阿维菌素苯甲酸盐微乳剂。

试验对象：玉米地草地贪夜蛾低龄幼虫。

三、试验方法

1. 药剂浓度设置

（1）20%氯虫苯甲酰胺悬浮剂：$10mL/667m^2$（制剂）或$30g/hm^2$（有效含量）；

（2）20%氯虫苯甲酰胺悬浮剂：$15mL/667m^2$（制剂）或$45g/hm^2$（有效含量）；

（3）20%氯虫苯甲酰胺悬浮剂：$20mL/667m^2$（制剂）或$60g/hm^2$（有效含量）；

（4）5%甲氨基阿维菌素苯甲酸盐微乳剂：$10mL/667m^2$（制剂）或$7.5g/hm^2$（有效含量）；

（5）CK（清水）。

2. 小区设计

每个小区$20m^2$，小区间设置保护行。每小区作为一个处理，每个处理重复4次，小区间采用随机区组排列。

3. 调查方法

采用棋盘式5点取样法，每小区调查20株。翻查每株玉米上草地贪夜蛾幼虫的数量。施药前和施药后1d、3d、7d各调查一次存活虫数。按本章试验一的公式计算虫口减退率和防治效果。

4. 药害调查

见本章试验一的药害调查方法。

四、试验报告

详细记录实验数据（表 6-2)，计算防效，并用邓肯氏新复极差（DMRT）法检测显著性，完成试验报告。

表 6-2　玉米草地贪夜蛾幼虫田间药效试验调查统计表

小区________　品系________　调查日期________　次数________

农药	药前活虫数	药后活虫数/只			虫口减退率/%			防效/%			药害
		1d	3d	7d	1d	3d	7d	1d	3d	7d	

试验三　5%高效氯氰菊酯乳油防治荔枝蝽药效试验

一、试验目的

学习并掌握杀虫剂田间药效试验的设计，了解高大乔木上害虫的调查方法。

二、试验材料

供试药剂：5%高效氯氰菊酯乳油、90%敌百虫晶体。

试验器材：电子天平、3WBD-18L背负式电动喷雾器、20mL量筒、2000mL量筒、胶头滴管、乳胶手套、一次性手套。

试验对象：荔枝蝽。

三、试验方法

1. 药剂浓度设置

（1）5%高效氯氰菊酯乳油：稀释3000倍；

（2）5%高效氯氰菊酯乳油：稀释2000倍；

（3）5%高效氯氰菊酯乳油：稀释1000倍；

（4）90%敌百虫晶体：稀释1000倍；

（5）CK（清水）。

2. 小区设计

设置两株荔枝树为一个小区，小区间隔一棵树作为保护行。每小区为一个处理，每个处理重复4次，小区间采用随机区组排列。

3. 调查方法

每小区调查2株。在虫口密度较低、树型矮小的试验区，调查树冠上的全部成、若虫数；若虫口密度较高、树型高大时，每株树可按东、南、西、北、中固定调查20～50个枝条上的成、若虫数。另外，药后调查应计算跌落地下的成、若虫的死亡率。喷药前调查虫口基数，药后1d、3d、7d各调查一次存活虫数。按本章试验一的公式计算虫口减退率和防治效果。

4. 药害调查

见本章试验一的药害调查方法。

四、试验报告

详细记录实验数据（表 6-3），计算各处理防效并用邓肯氏新复极差（DMRT）法检测显著性，完成试验报告。

表 6-3　荔枝蝽药效试验调查统计表

小区＿＿＿＿＿＿＿＿　品系＿＿＿＿　调查日期＿＿＿＿　次数＿＿＿＿

农药	药前活虫数	药后活虫数/只			虫口减退率/%			防效/%			药害
		1d	3d	7d	1d	3d	7d	1d	3d	7d	

试验四　10%苯醚甲环唑可湿性粉剂防治香蕉叶斑病药效试验

一、试验目的

全面了解复杂病害的分级标准和防治方法，掌握杀菌剂的田间药效试验方法。

二、试验材料

供试药剂：10%苯醚甲环唑可湿性粉剂、12.5%烯唑醇可湿性粉剂。

试验器材：电子天平、3WBD-18L 背负式电动喷雾器、2000mL 量筒、乳胶手套、一次性手套。

试验对象：香蕉叶斑病。

三、试验方法

1. 药剂浓度设置

（1）10%苯醚甲环唑可湿性粉剂：稀释 2000 倍；

（2）10%苯醚甲环唑可湿性粉剂：稀释 1500 倍；

（3）10%苯醚甲环唑可湿性粉剂：稀释 1000 倍；

（4）12.5%烯唑醇可湿性粉剂：稀释 1500 倍；

（5）CK（清水）。

2. 小区设计

试验地应选择发病较重的香蕉园进行。每小区选 5～10 株进行试验、编号。每小区作一个处理，每个处理重复 4 次，小区间采用随机区组排列。

3. 调查方法

喷药前调查病情基数，喷药后 10d 再调查一次。每小区随机调查 2～3 株，每株香蕉从顶叶向下调查 5～13 片叶（未打开心叶不计），具体视生育期而定，营养生长期至抽蕾期可调查 8～13 片叶，挂果期可调查 5～10 片叶，记录调查的总叶数、病叶数及病级。

叶片病斑分级方法：

0 级：无病；

1 级：病斑面积占整个叶片面积的 5%以下；

3 级：病斑面积占整个叶片面积的 6%～15%；

5 级：病斑面积占整个叶片面积的 16%～25%；

7 级：病斑面积占整个叶片面积的 26%～50%；

9 级：病斑面积占整个叶片面积的 51%以上。

4. 计算方法

根据下列公式计算病叶率［式（6-3）］、病情指数［式（6-4）］和防治效果［式（6-5）］。

$$病叶率(\%)=\frac{发病叶数}{调查总叶数}\times 100\% \tag{6-3}$$

$$病情指数=\frac{\sum(各级病级代表值\times该级病叶数)}{调查总叶数\times 9}\times 100 \tag{6-4}$$

$$防治效果(\%)=\frac{CK_0\ 病指数\times pt_1\ 病指数}{CK_1\ 病指数\times pt_0\ 病指数}\times 100\% \tag{6-5}$$

式中，CK_0 为空白对照区药前；CK_1 为空白对照区药后；pt_0 为处理区药前；pt_1 为处理区药后。

5. 药害调查

观察香蕉是否有药害产生，有药害时要记录药害的程度。用药害分级标准区分药害程度，以－、＋、＋＋、＋＋＋、＋＋＋＋表示并注明。

－：无药害；

＋：轻度药害，不影响作物正常生长；

＋＋：明显药害，可复原，不会造成作物减产；

＋＋＋：高度药害，影响作物正常生长，对作物产量和品质都造成一定损失；

＋＋＋＋：药害严重，作物生长受阻，产量和质量损失严重。

四、试验报告

详细记录实验数据（表 6-4），计算香蕉的发病率，计算各药剂的防效并用邓肯氏新复极差法（DMRT 法）统计分析，完成试验报告。

表 6-4　香蕉叶斑病田间药效试验调查统计表

小区＿＿＿＿＿＿＿＿　品系＿＿＿＿＿＿　调查日期＿＿＿＿＿＿　次数＿＿＿＿＿

药剂	调查总叶片数	叶片病情(10d)						病情指数	防效/%	药害
		0 级	1 级	3 级	5 级	7 级	9 级			

试验五　50%噻菌灵悬浮剂防治杧果采后炭疽病药效试验

一、试验目的

学习杀菌剂对果实采后保鲜的试验方法及果实病斑的分级标准。

二、试验材料

供试药剂：50%噻菌灵悬浮剂、25%咪鲜胺乳油。

试验器材：小型喷雾器，20mL 量筒，2000mL 量筒，胶头滴管，乳胶手套，一次性手套。

试验对象：杧果炭疽病。

三、试验方法

1. 药剂浓度设置

（1）50%噻菌灵悬浮剂：稀释 3000 倍；

（2）50%噻菌灵悬浮剂：稀释 2000 倍；

（3）50%噻菌灵悬浮剂：稀释 1000 倍；

（4）25%咪鲜胺乳油；稀释 2000 倍；

（5）CK（清水）。

2. 小区设计

每小区为一个处理，每个处理采 30 只果。在晴天采收，注意轻拿轻放，尽量减少对果实造成机械伤口。试验重复 4 次，小区间采用随机区组排列。

3. 果实处理及调查方法

试验用果应为同一品种，采自同一果园，并记录采前相应病害发生情况。果实成熟度以 75%～85%为宜。摘果后应在 48h 内尽快处理，处理前须预先进行选果，除去病果、虫果和伤果。然后将试验用果用流水冲净，晒干待用；各处理试验用果应尽量随机和均匀分配。果实处理后晾干，用光面纸进行单果包装，然后放入贮存场所内存放，观察发病情况。贮存室应干净整洁，阴凉通风，保证贮存在最适宜状态下。

杧果采后常温贮藏，一般要调查多次，调查时间分别在贮藏后 7d、14d、21d 等。调查每处理组的总果数、炭疽病果数及病级。

果实病斑分级方法如下：

0 级：无病；

1 级：病斑面积占果实面积的 5%以下；

3 级：病斑面积占果实面积的 6%～15%；

5 级：病斑面积占果实面积的 16%～25%；

7 级：病斑面积占果实面积的 26%～50%；

9 级：病斑面积占果实面积的 51%以上。

4. 药效计算方法

根据下列公式计算病果率［式（6-6）］、病情指数［式（6-7）］和防治效果［式（6-8）］。

$$\text{病果率}(\%)=\frac{\text{病果数}}{\text{调查总果数}}\times 100\% \tag{6-6}$$

$$\text{病情指数}=\frac{\sum(\text{病级代表值}\times\text{该级病果数})}{\text{调查总果数}\times 9}\times 100 \tag{6-7}$$

$$\text{防治效果}(\%)=\frac{CK_0\ \text{病指数}\times pt_1\ \text{病指数}}{CK_1\ \text{病指数}\times pt_0\ \text{病指数}}\times 100\% \tag{6-8}$$

式中，CK_0 为空白对照区药前；CK_1 为空白对照区药后；pt_0 为处理区药前；pt_1 为处理区药后。

5. 对杧果的其他影响

观察杧果是否有药害产生，有药害时要记录药害的程度，此外也应记录对作物的其他有益影响（如促进成熟、刺激生长等）。用药害分级标准区分药害程度，以－、＋、＋＋、＋＋＋、＋＋＋＋表示并注明。

－：无药害；

＋：轻度药害，但可复原；

＋＋：明显药害，轻度影响果实外观质量；

＋＋＋：高度药害，较大程度地影响果实外观质量；

＋＋＋＋：严重药害，果实外观质量和品质无法被商业部门接受，完全失去商品价值。

四、试验报告

详细记录实验数据（表 6-5），计算各药剂防效并用邓肯氏新复极差法（DMRT 法）

统计分析；完成试验报告。

表 6-5　杧果炭疽病采后药效试验统计表

小区________________　品系________　调查日期________　次数________

药剂	病果数	果实病情(7d)						病情指数	防效/%	药害
		0级	1级	3级	5级	7级	9级			

试验六　41.7%氟吡菌酰胺悬浮剂防治蔬菜根结线虫药效试验

一、试验目的

学习根结线虫的田间防治方法，了解线虫危害病株后的分级标准。

二、试验材料

供试药剂：41.7%的氟吡菌酰胺悬浮剂，20%的噻唑膦水乳剂。

试验器材：3WBD-18L背负式电动喷雾器，20mL量筒，2000mL量筒，胶头滴管，乳胶手套，一次性手套。

试验对象：蔬菜根结线虫。

三、试验方法

1. 药剂浓度设置

(1) 41.7%的氟吡菌酰胺悬浮剂：20mL/667m^2（制剂）或125.1g/hm^2（有效含量）；

(2) 41.7%的氟吡菌酰胺悬浮剂：30mL/667m^2（制剂）或187.65g/hm^2（有效含量）；

(3) 41.7%的氟吡菌酰胺悬浮剂：40mL/667m^2（制剂）或250.2g/hm^2（有效含量）；

(4) 20%的噻唑膦水乳剂：200mL/667m^2（制剂）或600g/hm^2（有效含量）；

(5) CK（清水）。

2. 小区设计

选择蔬菜地如黄瓜、番茄、芹菜等，每个小区20m^2，小区间设置保护行。每小区为一个处理，每个处理重复4次，小区间随机区组排列。

3. 调查方法

每小区调查15株蔬菜。药前和药后30d检查根系虫瘿情况。病株分级标准如下：

0级：根系无虫瘿；

1级：根系有少量小虫瘿；

3级：三分之二根系布满小虫瘿；

5级：根系布满小虫瘿并且次生虫瘿；

7级：根系形成须根团。

4. 药效计算方法

根据下列公式计算病情指数［式（6-9）］和防治效果［式（6-10）］。

$$病情指数=\frac{\sum(各级病株数\times该病级值)}{调查总株数\times7}\times100 \tag{6-9}$$

$$防治效果(\%)=\frac{CK_0\ 病指数\times pt_1\ 病指数}{CK_1\ 病指数\times pt_0\ 病指数}\times100\% \tag{6-10}$$

式中，CK_0 为空白对照区药前；CK_1 为空白对照区药后；pt_0 为处理区药前；pt_1 为处理区药后。

5. 药害调查

见本章试验四。

四、试验报告

详细记录实验数据（表 6-6），计算各处理防效，并用邓肯氏新复极差（DMRT）法检测其显著性，完成试验报告。

表 6-6 蔬菜根结线虫田间药效试验调查统计表

小区________ 品系________ 调查日期________ 次数________

药剂	株数	虫瘿分级(30d)					病情指数	防效/%	药害
		0 级	1 级	3 级	5 级	7 级			

试验七　48%甲草胺乳油防治花生地杂草药效试验

一、试验目的

学习除草剂的田间药效试验设计方法和除草剂的选择性原理。

二、试验材料

试验器材：3WBD-18L背负式电动喷雾器，20mL量筒，2000mL量筒，胶头滴管，乳胶手套，一次性手套。

供试药剂：48%甲草胺乳油，50%莠去津乳油。

试验对象：花生地杂草。

三、试验方法

1. 药剂浓度设置

(1) 48%甲草胺乳油：稀释800倍；

(2) 48%甲草胺乳油：稀释400倍；

(3) 48%甲草胺乳油：稀释200倍；

(4) 50%莠去津乳油：稀释200倍；

(5) CK（清水）。

2. 小区设计

每小区花生地面积20m^2，每小区作一个处理，每个处理重复4次，小区间采用随机区组排列，小区间设保护行。

3. 施药时间

花生播后苗前施药。

4. 杂草调查

(1) 绝对值调查法　每试验处理小区以随机3～4点取样调查，每点0.25（0.5m×0.5m）～1m^2调查杂草种类、株数、鲜重。

（2）估计值调查法　这种调查方法包括估计杂草群落总体和单株杂草种类，可用杂草数量、覆盖度、高度和长势等指标、调查试验处理小区同邻近的空白对照（全空白对照带）进行比较。这种调查方法快速、简单。估计值调查法结果可用简单的百分比表示（如0%为杂草无防治效果，100%为杂草全部防治）。但还应该提供对照小区或对照带的杂草株数覆盖度的绝对值。为了克服准确估计百分比以及使用齐次方差的困难，可以采用下列统一级别进行调查：

1级：无草；

2级：相当于对照处理小区杂草的0%～2.5%；

3级：相当于对照处理小区杂草的2.5%～5%；

4级：相当于对照处理小区杂草的5 %～10%；

5级：相当于对照处理小区杂草的10%～15%；

6级：相当于对照处理小区杂草的15%～25%；

7级：相当于对照处理小区杂草的25%～35%；

8级：相当于对照处理小区杂草的35%～67.5%；

9级：相当于对照处理小区杂草的67.5%～100%。

露地栽培花生药效试验一般调查三次。第一次调查可在施药后20d进行，此时试验区花生作物已经全苗，对照区杂草也已出土生长整齐。

第二次调查在施药后30d进行，此时花牛苗株开始分枝，花生已进入花期，单子叶杂草开始分蘖，双子叶杂草已有4～6片真叶，可采用株数防效调查。

第三次调查在施药后40d进行，此时花生基本封行，各试验处理区杂草可采用鲜重防效调查。

5. 药害调查

调查作物安全性，药剂处理与不处理区间比较花生出苗率，出苗时间以及幼苗叶色、株高和植株有否畸形等药害症状。对作物受药害后的症状如抑制生长、褪绿、斑点、矮化畸形等应准确描述，可供评价药害程度参考。

调查评价作物药害工作也应考虑供试药剂与其他因素的相互作用，如春播花生遇寒流冻害，夏播花生遇高温、干旱，或降雨量过大造成叶片黄化，以及栽培因素、病虫害影响，所以作物药害应全面综合评价。

四、试验报告

1.统计花生地杂草的种类、数量和名称。

2.根据绝对值调查法计算杂草防治效果。

3.根据估计值调查法计算杂草防治效果。

4.完成试验报告。

试验八　20%草铵膦水剂防除橡胶园杂草药效试验

一、试验目的

学习林下杂草防除的田间药效试验，学会利用分级标准调查杂草的方法。

二、试验材料

试验器材：3WBD-18L背负式电动喷雾器，20mL量筒，2000mL量筒，胶头滴管，乳胶手套，一次性手套。

供试药剂：20%草铵膦水剂，30%草甘膦水剂。

试验对象：橡胶园杂草。

三、试验方法

1. 药剂浓度设置

（1）20%草铵膦水剂：200mL/667m^2（制剂）或600g/hm^2（有效含量）；

（2）20%草铵膦水剂：300mL/667m^2（制剂）或900g/hm^2（有效含量）；

（3）20%草铵膦水剂：400mL/667m^2（制剂）或1200g/hm^2（有效含量）；

（4）30%草甘膦水剂：200mL/667m^2（制剂）或900g/hm^2（有效含量）；

（5）CK（清水）。

2. 小区设计

小区应有多种代表性的杂草种群，分布要均匀一致。小区林地面积30m^2。每小区作一个处理，每个处理重复4次，小区间采用随机区组排列。

3. 施药方法

林下喷药，注意避免药剂伤害胶林树根。

4. 杂草调查

根据对照区的杂草密度，估计出处理区的相对杂草种群数量。这种评价方法可对杂草群落总体或单一杂草做出评估，可用杂草的数量、覆盖度、高度或活力（长势）（如实际的杂草质量）等指标。这种评价方法简便快捷，评价结果可以用百分数（0%为无草，100%为长满草）表示，也可以用除草效果（0%为无效，100%为杂草）表示。方法应该提供对照区杂草覆盖度的绝对值。

为了克服准确估计百分比和使用齐次方差的困难，可以采用下列分级法进行调查。

1级：无杂草；

2级：相当于对照区的0%～2.5%；

3级：相当于对照区的2.5%～5%；

4级：相当于对照区的5%～10%；

5级：相当于对照区的10%～15%；

6级：相当于对照区的15%～25%；

7级：相当于对照区的25%～35%；

8级：相当于对照区的35%～67.5%；

9级：相当于对照区的67.5%～100%。

调查的时间和次数，如果没有特殊说明，要进行多次药效调查。一般施药后7d、15d和20d观察杂草的受害症状。

5. 药害调查

记录胶树的明显受害症状，如抑制生长、褪绿、畸形等。在树桩处理试验中，要注意药剂能否传导到与根相接触的邻近树木上。

四、试验报告

详细记录实验数据（表6-7），根据估计值调查法计算平均防效，并进行统计分析，完成试验报告。

表6-7　橡胶园杂草药效试验调查统计表

小区________　品系________　调查日期________　次数________

农药	药前杂草数	覆盖度	药后杂草数			效果	药害
			7d	15d	20d		

试验九　0.01%芸苔素内酯乳油对番茄增产作用药效试验

一、试验目的

学习利用作物增产作用来测试植物生长调节剂的田间药效。

二、试验材料

供试药剂：0.01%芸苔素内酯乳油。

试验器材：3WBD-18L背负式电动喷雾器，20mL量筒，2000mL量筒，胶头滴管，乳胶手套，一次性手套。

试验对象：番茄。

三、试验方法

1. 药剂浓度设置

（1）0.01%芸苔素内酯乳油：稀释1000倍；

（2）0.01%芸苔素内酯乳油：稀释700倍；

（3）0.01%芸苔素内酯乳油：稀释500倍；

（4）CK（清水）。

2. 小区设计

小区面积20m^2。每小区作一个处理，每个处理重复4次，小区间采用随机区组排列，小区间设保护行。

3. 施药方法

喷雾法。

4. 调查方法

每个小区随机选10株番茄并标记，连续采摘5次，作为小区产量。

5. 药效计算方法

根据式（6-11）计算增产率。

$$增产率(\%)=\frac{处理小区产量-对照小区产量}{对照小区产量}\times 100\% \quad (6\text{-}11)$$

6. 药害调查

观察番茄是否有药害产生并记录。用药害分级标准区分小区的药害程度，以一、＋、＋＋、＋＋＋、＋＋＋＋表示并注明。

一：无药害；

＋：轻度药害，不影响作物正常生长；

＋＋：明显药害，可复原；

＋＋＋：高度药害；

＋＋＋＋：药害严重。

四、试验报告

计算增产率，并进行统计分析，完成试验报告。

试验十　0.08%茚虫威饵剂防治红火蚁药效试验

一、试验目的

了解红火蚁的危害，学习红火蚁田间药效的试验方法，为指导学生延缓红火蚁的入侵提供参考。

二、试验材料

供试药剂：0.05%茚虫威饵剂、0.5%阿维菌素颗粒剂。

试验器材：电子天平、50mL 离心管、香肠、医用酒精、乳胶手套、一次性手套。

试验对象：红火蚁。

三、试验方法

1. 药剂浓度设置

（1）0.05%茚虫威饵剂：10g/巢；

（2）0.05%茚虫威饵剂：20g/巢；

（3）0.05%茚虫威饵剂：30g/巢；

（4）0.5%阿维菌素颗粒剂：20g/巢；

（5）CK（清水）。

2. 调查方法

（1）踏查法：在红火蚁发生地区随机选择 3 个 $100m^2$ 以上的区域，记录活蚁巢数量。以单位面积的活蚁巢数量作为分级标准，分为以下 5 级：

1 级：轻度，平均每 $100m^2$ 活蚁巢数量为 0～0.1 个；

2 级：中度，平均每 $100m^2$ 活蚁巢数量为 0.11～0.5 个；

3 级：中偏重，平均每 $100m^2$ 活蚁巢数量为 0.51～1.0 个；

4 级：重，平均每 $100m^2$ 活蚁巢数量为 1.1～10 个；

5 级：严重，平均每 $100m^2$ 活蚁巢数量大于 10 个。

（2）诱集法：将诱饵放入 50mL 离心管中，于上午 9：00 前，将监测瓶放置在蚁巢 50cm 处。每个处理设置 3 个监测点，每个监测点按照东、南、西、北 4 个方位放置 4 个监测瓶。30min 后，将监测瓶盖上、密封、收回，加入 5mL 75%乙醇，待红火蚁死亡后记录各瓶中的诱集的数量。

3. 调查时间和次数

施药前 1～2d 调查一次基数，包括处理区的活蚁巢和诱集到的工蚁数量。施药后 7d 调查一次。

4. 药效计算方法

（1）活蚁巢防治效果　根据踏查的调查结果，按照式（6-12）计算活蚁巢防治效果。

$$P_N(\%)=(1-\frac{N_0\times N_{Ti}}{N_{0i}\times N_{T0}})\times 100\% \tag{6-12}$$

式中，P_N 为活蚁巢防治效果；N_0 为药前对照区活蚁巢数；N_{Ti} 为药后处理区活蚁巢数；N_{0i} 为药后对照区活蚁巢数；N_{T0} 为药前处理区活蚁巢数。

（2）工蚁防治效果　根据诱集法的调查结果，按照式（6-13）计算工蚁防治效果。

$$P_W(\%)=(1-\frac{W_0\times W_{Ti}}{W_{0i}\times W_{T0}})\times 100\% \tag{6-13}$$

式中，P_W 为工蚁防治效果；W_0 为药前对照区监测瓶中平均工蚁数；W_{Ti} 为药后处理区监测瓶中平均工蚁数；W_{0i} 为药后对照区监测瓶中平均工蚁数；W_{T0} 为药前处理区监测瓶中平均工蚁数。

四、试验报告

1. 计算活蚁巢防治效果、工蚁防治效果，并用邓肯氏新复极差（DMRT）法检测显著性。
2. 完成试验报告。

试验十一　0.005%溴敌隆毒饵防治玉米田害鼠药效试验

一、试验目的

学习杀鼠剂的田间使用技术及田间药效试验的设计，学会杀鼠剂毒饵配制方法。

二、试验材料

试验器材：小型喷雾器（2L）、药勺、稻谷毒饵、鼠夹。

供试药剂：0.005%溴敌隆饵剂。

试验对象：玉米田害鼠。

三、试验方法

1. 0.005%溴敌隆毒饵配制

先将干性物质如大米、玉米、小麦、瓜子等用筛子过筛，筛去混在物质中的杂质后，正确称取干性物质100kg，放在配制毒饵用的机械搅拌容器内。计算所需母液量：

所需母液量＝配制的浓度/原药或母粉浓度×需要配制的量

正确称取0.5%溴敌隆母液1kg，在1kg溴敌隆母液中加入10kg脱氯水，充分搅匀后，倒入100kg干性物质中，电动机械搅拌20min，至溶液被全部吸干。如用稻谷和瓜子作配制饵料，用0.5%溴敌隆母液配制时，应加入乙醇作渗透剂。具体在配制时，在1kg溴敌隆母液中加入1kg无水乙醇和9kg脱氯水，充分搅匀后，倒入100kg干性物质中搅拌20min。将配制好的毒饵放置在通风的环境中阴干。

2. 药剂浓度设置

（1）0.005%溴敌隆毒饵：5g/kg；

（2）0.005%溴敌隆毒饵：10g/kg；

（3）0.005%溴敌隆毒饵：15g/kg；

（4）空白对照（CK）。

3. 小区设计

小区面积20m^2，正方形，不设重复。

4. 施药方法

对于洞穴明显的鼠种可采用按洞投饵法，对于洞穴不明显但分布较为均匀的鼠种可选用等距投饵法，用药勺舀取 30g 毒饵投放。

5. 调查方法

（1）鼠密度调查　依据防治鼠种确定选用堵盗法或夹夜法调查鼠密度。前者应堵塞各处理小区内的所有鼠洞，24h 后调查盗开洞的数量，以有效洞数/hm^2 表示所有鼠密度。后者每个处理小区布 300 铁夹，记录捕获鼠种及数量，以鼠夹率表示鼠密度。在整个试验过程中，鼠密度调查一般需进行 3 次，急性杀鼠剂选择在投饵前及投饵后的第 3 天、第 7 天调查；慢性杀鼠剂选择在投饵前及投饵后的第 10 天、第 15 天调查。

（2）饵料取食情况调查　各处理固定 20 个以上的饵点，投饵后连续观测 3～5d，称重饵料，记录每日每点的消耗量。

（3）中毒情况调查　投饵后，连续调查 5～20d（视急慢性鼠药的差别而定），逐日收集解剖并记录各处理中毒死鼠的种类、数量和中毒症状，同时注意收集人畜禽及天敌动物中毒的有关情况。

（4）药效计算方法　按照式（6-14）计算防治效果。

$$防治效果(\%)=\left[1-\frac{CK_0\ 密度\times pt_1\ 密度}{CK_1\ 密度\times pt_0\ 密度}\right]\times 100\% \tag{6-14}$$

式中，CK_0 为空白对照区药前；CK_1 为空白对照区药后；pt_0 为处理区药前；pt_1 为处理区药后。

式中的密度，既可以是有效调查数，也可以是捕获数，只要前后一致即可。

显著性测定采用邓肯氏新复极差（DMRT）法。

（5）摄食系数计算方法　按照式（6-15）计算摄食系数。

$$摄食系数=\frac{毒饵消耗量}{无毒饵消耗量} \tag{6-15}$$

（6）死鼠曲线绘制及说明　根据逐日收集的防治鼠种鼠尸的数量，绘制曲线，编写说明。

6. 对其他生物的影响

记录试验期间药剂对人、畜、禽的安全性及引起天敌动物二次中毒方面的有关情况。

四、试验报告

1. 根据逐日收集的防治鼠种鼠尸的数量（表 6-8），绘制曲线，编写说明。

2.完成试验报告。

表 6-8　玉米田害鼠药效试验调查统计表

小区________________　品系________　调查日期________　次数________

农药	药前害鼠数/只	害鼠密度/(个/hm²)	施药后害鼠密度/(个/hm²)			防效/%	其他影响
			3d	7d	15d		

参考文献

[1] 徐汉虹，黄宓兰，王爱彬，等. 超临界 CO_2 萃取精品鱼藤酮工艺[P]. 中国发明专利，CN1534037A. 2004-10-06.

[2] 胡琼波，蒲新华，王菁菁. 一种广谱杀虫性的球孢白僵菌菌株及其应用[P]. 申请公布号 CN113684136A. 2021-11-23.

[3] 田令菊，毛玉社，周吉生. 波尔多液配制及施用技术[J]. 河北果树，2017(3)：48-49.

[4] 张妍妍，邢茜，高兵，等. 波尔多液和石硫合剂的配制与使用[J]. 农业技术与装备，2018(11)：56-57.

[5] 陈福良，尹明明，尹丽辉，等. 含有机硅助剂的阿维菌素微乳剂的研制[J]. 农药学学报，2009，11(4)：480-486.

[6] GB/T 1603—2001 农药乳液稳定性测定方法[S].

[7] 兀新养，杨旭彬，谭涓，等. 4.5%高效氯氰菊酯水乳剂的研制[J]. 应用化工，2007(3)：302-304+307.

[8] GB/T 31737—2015 农药倾倒性测定方法[S].

[9] 胡细佳，邓新平. 吡虫啉 480g/L 悬浮剂的配方筛选及方法研究[J]. 农药科学与管理，2011，32(6)：17-21.

[10] GB/T 14825—2006 农药悬浮率测定方法[S].

[11] 吴梅香. 80%多菌灵水分散粒剂的配方研制[J]. 河北化工，2009，32(12)：55-56.

[12] 李贵明，王月杰，邓刚，等. 百菌清烟剂的研制及应用[J]. 东北林业大学学报，2001(2)：64-66.

[13] 杨琛，李晓刚，刘双清，等. 10%嘧菌酯水稻悬浮种衣剂制备[J]. 农药，2012，51(5)：347-350.

[14] GB/T 17768—1999 悬浮种衣剂产品标准编写规范[S].

[15] 朱华龙，卢镇，唐卫，等. 一种含有乙烯利的超低容量液剂[P]. CN102659467A，2012.

[16] 丑靖宇，谭利，孙俊，等. 330g/L 二甲戊灵微囊悬浮剂的制备[J]. 农药，2015，54(1)：26-30.

[17] 杜凤沛，李向东. 一种二甲戊乐灵微囊悬浮剂及其制备方法[P]. CN105875607A，2016.

[18] Feng J，Zhang Q，Liu Q，et al. Chapter 12-Application of nanoemulsions in formulation of pesticides. In：Jafari SM，McClements DJ (eds). Nanoemulsions. Academic Press，2018，pp：379-413.

[19] Sakulku U，Nuchuchua O，Uawongyart N，et al. Characterization and mosquito repellent activity of citronella oil nanoemulsion. Int J Pharm，2009，372(1)：105-111.

[20] 胡林，徐汉虹，梁明龙. 鱼藤酮水基纳米悬浮剂的特性及对松材线虫的杀虫作用[J]. 农药学学报，2005(2)：171-175.

[21] 张晶晶，黄亚丽，马宏，等. 木霉厚垣孢子可湿性粉剂的研制[J]. 植物保护，2016，42(5)：103-109.

[22] 张晓红. 一种木霉菌可湿性粉剂的制备方法[P]. CN105794857A，2014.

[23] GB/T 16150—1995 农药粉剂、可湿性粉剂细度测定方法[S].

[24] 曹春霞，杨自文，程贤亮，等. 一种枯草芽孢杆菌水分散粒剂及其制备方法[P]. CN102919272A，2013.

[25] 牛赡光，周峰，王清海，等. 一种枯草芽孢杆菌 Bs-03 可湿性粉剂和水分散粒剂[P]. CN101773149A，2010.

[26] NY/T 448—2001 蔬菜上有机磷和氨基甲酸酯类农药残毒快速检测方法[S].

[27] GB/T 5009.188—2003　蔬菜、水果中甲基托布津、多菌灵的测定[S].
[28] 高亚琳，光辉，刘松涛. 啶虫脒乳油的高效液相色谱分析[J]. 河南化工，2000(8)：37-42.
[29] NY/T 761—2008　蔬菜和水果中有机磷、有机氯、拟除虫菊酯和氨基甲酸酯类农药多残留的测定[S].
[30] NY/T 1455—2007　水果中腈菌唑残留量的测定 气相色谱法[S].
[31] 张世瑞，袁宏球，尹桂豪. 两种热带水果中咪鲜胺残留的气质联用测定[J]. 现代农药，2010,9(4)：32-34.
[32] GB 23200.121—2021　食品安全国家标准 植物源性食品中331种农药及其代谢物残留量的测定 液相色谱-质谱联用法[S].
[33] GBZ/T 240.2—2011　化学品毒理学评价程序和试验方法　第2部分：急性经口毒性试验[S].
[34] GBZ/T 240.3—2011　化学品毒理学评价程序和试验方法　第3部分：急性经皮毒性试验[S].
[35] GBZ/T 240.4—2011　化学品毒理学评价程序和试验方法　第4部分：急性吸入毒性试验[S].
[36] GB/T 31270.10—2014　化学农药环境安全评价试验准则　第10部分：蜜蜂急性毒性试验[S].
[37] GB/T 31270.11—2014　化学农药环境安全评价试验准则　第11部分：家蚕急性毒性试验[S].
[38] GB/T 31270.12—2014　化学农药环境安全评价试验准则　第12部分：鱼类急性毒性试验[S].
[39] GB/T 31270.13—2014　化学农药环境安全评价试验准则　第13部分：溞类急性活动抑制试验[S].
[40] GB/T 31270.14—2014　化学农药环境安全评价试验准则　第14部分：藻类生长抑制试验[S].
[41] GB/T 31270.15—2014　化学农药环境安全评价试验准则　第15部分：蚯蚓急性毒性试验[S].
[42] GB/T 31270.16—2014　化学农药环境安全评价试验准则　第16部分：土壤微生物毒性试验[S].
[43] NY/T 1965.1—2010　农药对作物安全性评价准则　第1部分：杀菌剂和杀虫剂对作物安全性评价室内试验方法[S].
[44] 顾宝根，刘学. 农药生物活性测试标准操作规范——杀虫剂卷. 北京：化学工业出版社，2016.
[45] 康卓，顾宝根. 农药生物活性测试标准操作规范——杀菌剂卷. 北京：化学工业出版社，2016.
[46] 刘学，顾宝根. 农药生物活性测试标准操作规范——除草剂卷. 北京：化学工业出版社，2016.
[47] GB/T 17980.19—2000　农药田间药效试验准则(一)　杀菌剂防治水稻叶部病害[S].
[48] NY/T 1859.1—2010　农药抗性风险评估　第1部分：总则[S].
[49] NY/T 1859.6—2014　农药抗性风险评估　第6部分：灰霉病菌抗药性风险评估[S].
[50] NY/T 1859.9—2014　农药抗性风险评估　第9部分：蚜虫对新烟碱类杀虫剂抗性风险评估[S].
[51] NY/T 1859.12—2017　农药抗性风险评估　第12部分：小麦田杂草对除草剂抗性风险评估[S].
[52] GB/T 17980.4—2000　农药田间药效试验准则(一)：杀虫剂防治水稻飞虱[S].
[53] DB42/T 1820.1—2022　玉米害虫防治技术规程　第1部分：草地贪夜蛾[S].
[54] GB/T 17980.60—2004　农药田间药效试验准则(二)　第60部分：杀虫剂防治荔枝蝽[S].
[55] GBT/17980.95—2004　农药田间药效试验准则(二)　第95部分：杀菌剂防治香蕉叶斑病[S].
[56] GB/T 17980.98—2004　农药田间药效试验准则(二)　第98部分：杀菌剂防治杧果炭疽病[S].
[57] DB46/T 190—2010　蔬菜根结线虫病防控技术规程[S].
[58] GB/T 17980.126—2004　农药田间药效试验准则(二)　第126部分：除草剂防治花生田杂草[S].
[59] GB/T 17980.130—2004　农药田间药效试验准则(二)　第130部分：除草剂防治橡胶园杂草[S].
[60] GB/T 17980.149—2009　农药 田间药效试验准则(二)　第149部分：杀虫剂防治红火蚁[S].
[61] DB31/T 330.1—2013　鼠害与虫害预防与控制技术规范　第1部分：鼠害防制[S].